Der Botanische Garten

Frankfurt am Main

Matthias Jenny, Manfred Wessel
und Christian Winter (Hrsg.)

Der Botanische Garten Frankfurt am Main

Ein illustrierter Führer

Bibliografische Information der Deutschen Nationalbibliothek:
Die Deutsche Nationalbibliothek verzeichnet diese Publikation in der
Deutschen Nationalbibliografie; detaillierte bibliografische Daten sind im
Internet über http://dnb.dnb.de abrufbar.

© 1. Aufl. 2014 Freundeskreis Botanischer Garten Frankfurt am Main e.V.

Alle Rechte vorbehalten

Umschlagbild: Buchenwald im Botanischen Garten mit Busch-Windröschen und Frühlings-Platterbse in der Krautschicht (Foto: Klaus Lorbach) sowie J. Chr. Senckenberg im Vordergrund (Ausschnitt aus dem Gemälde von A. W. Tischbein). Umschlagrückseite: Blühende Blutpflaume (Foto: Andreas Stieglitz)

Textredaktion: Andreas Stieglitz und Manfred Wessel
Gesamtgestaltung: Andreas Stieglitz

Abbildungsnachweis: siehe Abbildungs- und Urheberverzeichnis, Seite 98ff.

Herstellung und Verlag: BoD – Books on Demand, Norderstedt

ISBN 978-3-7357-4121-9

Inhalt

Vorwort [M. JENNY]		9
Vorwort zur Vorgängerpublikation [CHR. WINTER]		10
1.	**Geschichte des Botanischen Gartens in Frankfurt am Main** [A. STIEGLITZ]	11
2.	**Botanische Gärten im weltweiten Verbund** [H. GRASMÜCK, aktualisiert von A. KÖNIG] Samentausch, Samenlagerung, bedrohte Arten	15
3.	**Tätigkeiten des gärtnerischen Personals** [H. GRASMÜCK, aktualisiert von A. KÖNIG]	17
4.	**Ökologisch-soziologische Reviere der Flora Mitteleuropas und der Alpen**	18
4.1	Buchenwälder [R. WITTIG]	18
4.2	Eichen-Hainbuchen-Mischwald [R. WITTIG]	20
4.3	Bachauenwald mit Übergängen zum Schluchtwald [R. WITTIG]	21
4.4	Birken-Eichenwald [R. WITTIG]	22
4.5	Kiefern-Eichenwald [R. WITTIG]	24
4.6	Atlantische Zwergstrauchheide [R. WITTIG]	24
4.7	Moor- und Sumpfpflanzen [R. WITTIG]	26
4.8	Sandsteppe (Dünenvegetation) [R. WITTIG]	28
4.9	Sonniger Kalkhang (Steppenheide) [R. WITTIG]	29
4.10	Wiese [R. WITTIG]	30
4.11	Die Neugestaltung des Basaltbaches [A. KÖNIG]	32
4.12	Teich und Teichrand [H. LANGE-BERTALOT]	35
4.13	Hochgebirge (Alpinum) [M. WESSEL]	39
5.	**Pflanzengeografische Reviere**	44
5.1	Mittelmeergebiet [M. WESSEL]	44
5.2	Makaronesien [H. GRASMÜCK]	47
5.3	Nordamerika [M. WESSEL]	49
5.4	Ostasien [M. WESSEL]	52
5.5	Kaukasus [M. WESSEL]	55

6.	**Die Neuausrichtung der Zierpflanzenrabatten sowie der Abteilungen Systematik und Kulturpflanzen**	55
6.1	Zierpflanzenrabatten [M. WESSEL]	55
6.2	Systematische Abteilung und Kulturpflanzen-Abteilung [M. WESSEL]	57
7.	**Sondersammlungen**	58
7.1	Bedrohte Arten und Erhaltungskulturen [M. WESSEL]	58
7.2	Neuer Senckenbergischer Arzneipflanzengarten [M. WESSEL & TH. BUTTERFASS]	60
7.3	Ruderalpflanzen [R. WITTIG]	63
7.4	Brombeer-Sammlung [R. WITTIG]	64
7.5	Neophyten [B. ALBERTERNST]	64
8	**Der Botanische Garten zu jeder Jahreszeit – ein empfohlener Rundgang** [G. ZIZKA]	67
8.1	Nadelgehölze aus aller Welt	67
8.2	Ostasien	67
8.3	Nordamerika	70
8.4	Mitteleuropa	72
9.	**Pilze im Botanischen Garten** [H. LOTZ-WINTER & M. PIEPENBRING]	74
9.1	Bunt und formenreich: Großpilzarten im Botanischen Garten	75
9.2	Meist unauffällig und doch allgegenwärtig: Mikropilze	77
9.3	Raritäten und gefährdete Arten im Botanischen Garten	78
10.	**Flechten im Botanischen Garten** [E. BRUDE & P. SCHÖNEGGE]	79
11.	**Tiere im Botanischen Garten** [R. PRINZINGER & W. WILTSCHKO]	82
11.1	Vögel	82
11.2	Reptilien	83
11.3	Amphibien	84
11.4	Säugetiere	84
11.5	Fische	85
11.6	Insekten	85
11.7	Honigbienen [CHR. WINTER]	88
11.8	Weichtiere	91

12. **Lehren und Lernen im Botanischen Garten**
    250 Jahre Natur- und Umweltbildung
    [CHR. BECELA-DELLER]   92

Die Autoren   96
Abbildungs- und Urheberverzeichnis   98
Weiterführende Literatur   101
Register der wissenschaftlichen Pflanzen-, Pilz- und Flechtennamen   102
Öffnungszeiten des Botanischen Gartens, Anfahrt, Kontakt   107
Übersichtsplan des Botanischen Gartens   108

Eine Charakterart in Birken-Eichenwäldern ist das Wald-Geißblatt (Lonicera periclymenum). Der Gattungsname erinnert an den Botaniker ADAM LONICERUS (1528-1586), der ab 1554 Stadtphysikus in Frankfurt am Main war. Zu seinen Ehren haben der Freundeskreis Botanischer Garten Frankfurt am Main e.V. und die Institution Botanischer Garten diese heimische Lonicera-Art zu ihrem Emblem erwählt. Der hier abgebildete kolorierte Kupferstich von 1787 entstammt der Flora Danica. Das von der dänischen Krone geförderte Pflanzenwerk erschien 1761-1874 und enthält 3240 Kupferstiche. Abdruck mit freundlicher Genehmigung der Naturwissenschaftlichen und Medizinischen Bibliothek Dänemarks, Kopenhagen.

Vorwort
Der Botanische Garten unter dem Dach des Palmengartens
M. JENNY

Seit dem 1. Januar 2012 ist die Stadt Frankfurt am Main Trägerin des Botanischen Gartens. Der damaligen Dezernentin für Umwelt, MANUELA ROTTMANN, ist es gelungen, in Verhandlungen mit dem Land Hessen den Universitätsgarten verwaltungstechnisch mit dem Palmengarten zusammenzuführen und damit langfristig zu sichern. Der Botanische Garten wird heute vom Land Hessen und der Stadt Frankfurt am Main gemeinsam finanziert. Die Johann Wolfgang Goethe-Universität hatte schon Jahre zuvor angekündigt, die finanzielle Last des Botanischen Gartens nicht mehr tragen zu können und zu wollen.

Auch von der gegenwärtigen Trägerschaft ist Forschung und Lehre durch die Universität und die Senckenberg Gesellschaft für Naturforschung ausdrücklich erwünscht. Palmengarten und Botanischer Garten ergänzen sich bestens: Im Botanischen Garten werden Pflanzen und Vegetationstypen gemäßigter Klimate gezeigt, im Tropicarium des Palmengartens Vegetationstypen der Tropen. Die Angebote der beiden Bildungs- und Forschungsgärten richten sich an sämtliche Bevölkerungsschichten und alle Altersgruppen. Sie sollen nicht nur Studenten und Schüler, sondern auch die die übrige Bevölkerung des Rhein-Main-Gebietes sowie Touristen an botanische Themen heranführen.

Die neu gegründete *Stiftung Palmengarten und Botanischer Garten* hat zum Ziel, beide Gärten auch für künftige Generationen zu erhalten. Die Gründung der Stiftung verdanken wir ELEONORE BEISER, die den Gärten ihr gesamtes Vermögen hinterlassen hat. Wir hoffen, dass viele Nutzer und Liebhaber des Botanischen Gartens es ihr mit kleinen und großen Spenden nachtun, damit der Botanische Garten zusammen mit dem Palmengarten in Zeiten knapper Ressourcen der Öffentlichen Hand weiter bestehen kann.

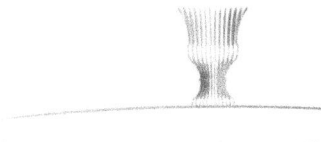

STIFTUNG PALMENGARTEN
UND BOTANISCHER GARTEN

IBAN: DE65 5022 0900 0000 0183 33

Vorwort zur Vorgängerpublikation
CHR. WINTER

Seit vielen Jahren gilt der Botanische Garten der Johann Wolfgang Goethe-Universität unter Kennern als ein Geheimtipp zum Studieren und Bewundern unserer einheimischen Pflanzenwelt, aber auch der überseeischen Floren, die in eigenen Abteilungen gepflegt werden. Dieses „Tor zur Vielfalt des Pflanzenreiches", wie man den Garten auch nennen könnte, steht jedermann offen, nicht nur den Studierenden und Angehörigen der Universität. Der Besucher ist allerdings, wenn er nicht gerade an einer öffentlichen Führung teilnimmt, beim Gang durch den Garten auf sich allein gestellt. Er kann zwar die einzelnen Reviere durchstreifen, sich an der Pflanzenpracht erfreuen und sich hier und dort an einer kleinen Infotafel orientieren. Ein tieferer Einblick, etwa in den historischen Hintergrund oder in die Struktur der Anlage und ihre Leitlinien, die bei der ursprünglichen Planung Pate standen, bleiben ihm allerdings verschlossen.

Diesem Mangel soll nun durch den vorliegenden Gartenführer abgeholfen werden. Dabei wissen wir, dass ein solches Buch den fachkundigen Führer vor Ort mit seiner subjektiven Auswahl, seinen Vorlieben und seiner Kenntnis von besonderen Pflanzen-„Ereignissen" zu verschiedenen Jahreszeiten nicht ersetzen kann.

Die Idee, dem Besucher und Pflanzenliebhaber einen solchen Gartenführer an die Hand zu geben, existiert schon seit einigen Jahren. Die Realisierung verzögerte sich jedoch immer wieder, nicht zuletzt auch wegen der nicht gesicherten Finanzierung. Allein die Fertigstellung des Rohmanuskriptes, an dem viele Autoren beteiligt waren, wurde durch die sich ändernde Nutzung des Gartens durch Personalkürzungen überrollt. Etliche Teile mussten verändert bzw. neu geschrieben werden.

Erfreulicherweise kam durch den 2001 gegründeten Freundeskreis des Botanischen Gartens Bewegung in dieses „Unternehmen". Seine Mitglieder beschlossen die Herausgabe des Druckwerkes einschließlich seiner Finanzierung und Vermarktung. So war es ein günstiger Umstand, dass – nachdem der Entschluss gefasst und der Text fast fertig war – sich ein verlagskundiges Mitglied fand, das die notwendigen Abschlussarbeiten übernahm. Dafür möchte ich Herrn ANDREAS STIEGLITZ sehr herzlich danken, ebenso Herrn KLAUS LORBACH, der seine Fotosammlung zusammen mit anderen zur Illustration des Buches zur Verfügung gestellt hat. Dieser Dank richtet sich auch an alle Autoren, deren Beiträge die Grundlage des Manuskripts bilden. Nicht zuletzt möchte ich Herrn MANFRED

WESSEL, den Technischen Leiter des Botanischen Gartens, erwähnen, ohne dessen Geduld, Ausdauer und Optimismus die Edition des Frankfurter Gartenführers sicher nicht zustande gekommen wäre.

Der informative, reich illustrierte kleine Band möge dazu beitragen, den Garten erneut zu besuchen, um ihn mit kundigerem Blick als bisher zu durchstreifen, und den Fremden vielleicht schon in der Buchhandlung neugierig machen und ihn veranlassen, auf Entdeckungsreise zu gehen.

Informationsstand im Botanischen Garten

1. GESCHICHTE DES BOTANISCHEN GARTENS IN FRANKFURT AM MAIN (A. STIEGLITZ)

Der Botanische Garten in Frankfurt am Main geht in seinen Ursprüngen auf das Jahr 1763 zurück, als der Frankfurter Arzt und Naturforscher JOHANN CHRISTIAN SENCKENBERG (1707-1772) eine wohltätigen Stiftung gründete. Der kinderlose Mäzen vermachte der Stiftung, deren Zweck vorrangig die wissenschaftliche Förderung der Heilkunde war, seinen gesamten Nachlass. 1766 erwarb SENCKENBERG östlich des Eschenheimer Turms das Stiftungsgelände, das sich zwischen der heutigen Stiftstraße (daher der Name!) und der Bleichstraße bis zur Katzenpforte erstreckte. Hier entstanden noch zu seinen Lebzeiten die ersten Gebäude seiner Stiftung, darunter Bibliothek, Chemisches Labor, Anatomie, Gewächshaus (1768) und Bürgerhospital. Auch ein *Hortus medicus*, ein „Medizinischer Garten", gehörte zu den Institutionen. Dieser älteste Botanische Garten in Frankfurt am Main lag in dem sich nach Osten weitenden,

Johann Christian Senckenberg vor Anatomie und Bürgerhospital, ein Gemälde von Anton Wilhelm Tischbein aus dem Jahr 1772

hofartigen Gelände zwischen den Stiftsgebäuden. 1782 wurde das erste, 1430 Arten umfassende und nach dem Linnéschen System geordnete Pflanzenverzeichnis des *Horti Botanici Senkenbergiani* veröffentlicht. Im Laufe des 19. Jh. entstanden weitere Institutionen der Stiftung, darunter das Senckenberg-Museum. Durch Um- und Ausbauten wurde es immer enger auf dem Stiftungsgelände, obwohl es 1850 bis zur Brönnerstraße erweitert werden konnte.

Zur Lösung aller Raumnöte, unter denen auch der immer mehr geschrumpfte Botanische Garten zu leiden hatte, schlug Oberbürgermeister FRANZ ADICKES 1902 der Dr. Senckenbergischen Stiftung vor, den angestammten Standort am Eschenheimer Turm ganz aufzugeben und aus dem Verkaufserlös des Geländes großzügige Neubauten in den gründerzeitlichen Außenbereichen der Stadt zu finanzieren. Dabei spielte ADICKES' Vorhaben, in Frankfurt eine Universität zu gründen, eine wichtige Rolle. Die endgültige Aufgabe des traditionsreichen Stiftungsgeländes und damit der räumlichen Einheit aller Institutionen der Dr. Senckenbergischen Stiftung erfolgte 1907. Für den neu anzulegenden zweiten Botanischen Garten erwarb die Stiftung damals eine schmale Landwirtschaftsfläche am ehemaligen Nordostrand des Palmengartens (westlich der Verlängerung der heutigen Siesmayerstraße). Binnen eines Jahres wurden alle Freilandpflanzen ins Westend umquartiert; die Bestände des Gewächshauses folgten erst 1914, nachdem eine neue Gewächshausanlage fertig gestellt wurde.

Nach dem Umzug des Botanischen Gartens ins Westend blieb jedoch ungeklärt, wo das geplante Botanische Institut gebaut werden sollte. Dies änderte sich auch 1912 nicht, als die Dr. Senckenbergische Stiftung mit zehn weiteren Gründern die Frankfurter Stiftungsuniversität vertraglich ins Leben rief und dazu ihre medizinischen Institute, die Senckenberg-Bibliothek und den Botanischen Garten beisteuerte. Die Universität nahm zum Wintersemester 1914/15 den Vorlesungsbetrieb auf. Auch ein Ordinariat für Botanik entstand; das Botanische Institut wurde behelfsmäßig in der Senckenberg-Bibliothek eingerichtet.

Der neue Garten wurde bald zu klein für Forschung und Lehre. 1936 überließ die Dr. Senckenbergische Stiftung das Gelände des zweiten Botanischen Gartens der Stadt (der Südteil wurde später dem Palmengarten zugeschlagen) und erhielt hierfür ein benachbartes Areal am Westrand des Grüneburgparks (östlich der verlängerten Siesmayerstraße). Sogleich begann dort die Anlage des dritten Botanischen Gartens, deren Ausführung jedoch durch den Zweiten Weltkrieg unterbrochen wurde. Ab 1948 fand der weitere Ausbau statt. Im südwestlichen Bereich des Geländes entstanden 1954/55 Gebäude, die endlich alle Biologischen Institute der Universität beherbergten. Im nördlichen Teil des zweiten Botanischen Gartens, der der Universität verblieben war, wurden die Gewächshäuser, das Labor- und das Wirtschaftsgebäude des dritten Botanischen Gartens erbaut. Neuartig im Garten war die Präsentation von Pflanzengemeinschaften aus den gemäßigten Breiten. Ökologisch-soziologische Areale (etwa verschiedene Waldtypen) gehörten hierzu ebenso wie pflanzengeografische Areale (beispielsweise Nordamerika). Hinzu kamen die Systematische Abteilung und im Laufe der Zeit diverse Sondersammlungen. Angesichts der großen Gewächshausanlage des Palmengartens wurden die Gewächshäuser des Botanischen Gartens verhältnismäßig klein gebaut und waren der Öffentlichkeit nicht zugänglich.

Als die Frankfurter Universität 1972 vom Land Hessen übernommen wurde, gelangte mit ihr auch der Botanische Garten in Landesbesitz. Als Botanischer Garten der J. W. Goethe-Universität Frankfurt a. M. wurde er nun aus Landesmitteln finanziert.

Mit dem allmählichen Wegzug der Universität vom angestammten Campus in Bockenheim ab den 1980er Jahren und den Plänen für einen neuen Campus Riedberg für alle naturwissenschaftlichen Fakultäten samt neuem Botanischen Garten war der Botanische Garten an der Siesmayerstraße über viele Jahre in seiner Existenz gefährdet. Während am Campus Riedberg der Goethe-Universität ein neuer Garten für Lehre und Forschung entstehen sollte (und ab 2012 als sogenannter Wissenschaftsgarten entstanden ist), erschien die Zukunft des Botanischen Gartens an der Siesmayerstraße zu Beginn der 2000er Jahre völlig ungewiss.

Zu seiner Rettung am heutigen Standort wurde 2001 der Freundeskreis Botanischer Garten der J. W. Goethe-Universität e. V. ins Leben gerufen. Seine Mitglieder engagieren sich seither für die Belange des Botanischen Gartens, tragen zu seiner finanziellen Unterstützung bei und sorgen für ein umfangreiches Veranstaltungsprogramm, das allen Interessierten offen steht.

Nach langwierigen Verhandlungen zwischen dem Land Hessen, der Goethe-Universität, der Dr. Senckenbergischen Stiftung und der Stadt Frankfurt über die Zukunft des Botanischen Gartens an der Siesmayerstraße wurde der Beschluss gefasst, den Garten zum 1. Januar 2012 in die Verantwortung der Stadt Frankfurt zu übertragen. Von diesem Übernahmevertrag ausgenommen ist die Liegenschaft, auf der sich die Gebäude der Biologischen Institute befinden, einschließlich eines Geländestreifens mit wertvollem Baumbestand am südöstlichen Rand des Gartens. Diese Flächen verbleiben im Besitz des Landes, die zukünftige Nutzung ist weiterhin offen. An die Stadt übertragen wurden hingegen die Flächen westlich der verlängerten Siesmayerstraße, auf der noch die Gewächshäuser sowie das Labor- und Wirtschaftsgebäude stehen. Gemäß Übernahmevertrag wird der Botanische Garten seither von der Verwaltung des Palmengartens betreut, gärtnerische Maßnahmen und Entscheidungen werden zusammen mit dessen Leitung getroffen. Nach über 100 Jahren realisiert sich so organisatorisch die bereits im städtischen Vertrag mit der Dr. Senckenbergischen Stiftung von 1903 geäußerte Hoffnung, Botanischer Garten und Palmengarten mögen sich einander ergänzen und miteinander kooperieren. Mit beiden Gärten verfügt die Stadt Frankfurt über eine der umfassendsten Pflanzensammlungen der Welt. Der finanzielle Grundbedarf wird durch die Stadt und einen jährlich vereinbarten Zuschuss des Landes gedeckt, doch zur Förderung besonderer Projekte und Angebote werden weitere Mittel benötigt. Aus diesem Grund wurde bereits am 1. September 2010 die „Stiftung Palmengarten und Botanischer Garten Frankfurt am Main" ins Leben gerufen.

Der Freundeskreis Botanischer Garten Frankfurt am Main e. V. ist erfreut, durch sein ehrenamtliches Engagement zu dieser günstigen Entwicklung beigetragen zu haben. Sein Satzungsziel, den Erhalt des Botanischen Gartens an der Siesmayerstraße 72 zu sichern, hat der Freundeskreis nach vielen, oft mühsamen Jahren endlich erreicht. Mit Freude und Stolz blicken seine Mitglieder auf den Botanischen Garten, dessen Zukunft in städtischer Obhut an der Seite des Palmengartens, verstärkt durch die gemeinsame Stiftung, nun gesichert ist.

2. BOTANISCHE GÄRTEN IM WELTWEITEN VERBUND
[H. GRASMÜCK, aktualisiert von A. KÖNIG]
– Samentausch, Samenlagerung, bedrohte Arten

„Weiß doch der Gärtner, wenn das Bäumchen grünt,
dass Blüt' und Frucht die künftgen Jahre zieren."
(GOETHE, Faust, I. Teil)

Hintergrund für weltweite Kontakte der Botanischen Gärten untereinander ist die Erhaltung genetischer Ressourcen ihrer Lebendsammlungen. Mittels eines internationalen Samentausches sind die zahlreichen vorhandenen Arten für die einzelnen Gärten verfügbar und können für die vielfältigen Aufgaben der Forschung und Lehre genutzt werden. Dies ist notwendig, weil anthropogene Einflüsse die noch bestehenden Naturstandorte gefährden und die Erhaltung der ursprünglichen Pflanzengesellschaften mit zahlreichen Problemen verbunden ist.

Zur Erläuterung einige Zahlen: Auf der ganzen Welt gibt es über 1 500 Botanische Gärten, davon 530 in Europa und über 90 in Deutschland, wovon etwa die Hälfte als Einrichtungen von Universitäten unterhalten werden.

Der Botanische Garten Frankfurt steht mit rund 200 Tauschpartnern in aller Welt in Verbindung und versendet ungefähr 1 500 Samenproben pro Jahr, wobei die Zahl der angebotenen Taxa in der jährlich herausgegebenen Samentauschliste „Index Seminum" bei ca. 600 liegt. Umgekehrt bestellt unser Garten pro Jahr ungefähr 650 Samenproben. Die Proben werden in einem Eingangsbuch mit einer Identifikationsnummer erfasst. Weiterhin wird das Datum der Aussaat vermerkt. Später wird das Auspflanzdatum in die einzelnen Bestandslisten eingetragen. Da die richtige Benennung des erhaltenen Materials, speziell bei den gefährdeten oder vom Aussterben bedrohten Arten, aus nachvollziehbaren Gründen sehr von Bedeutung ist, wird auch auf die Identifikation großer Wert gelegt.

Der Gesamtbestand aller Freilandpflanzen – dies sind etwa 4 000 Arten – ist per EDV erfasst, wobei auch Herkunft und Gefährdungsgrad und der Wuchsort im Garten aufgenommen sind.

Manche Botanische Gärten haben gesonderte Kulturflächen zur Erhaltung und zum Schutz vorrangig lokaler Florenelemente eingerichtet. Als Beispiele seien genannt: Berlin-Dahlem, Dresden, Göttingen, Halle, Mainz, Marburg und München. In Frankfurt wurde ein anderer Weg gewählt, indem diese Arten über den ganzen Garten verteilt, aber mit definiertem Standort, nach bestimmten Kriterien kultiviert werden. Darüber hinaus gibt es einen Bereich, in dem auf einer ca. 150 m² großen Fläche Beispiele gefährdeter Arten aus deutschen Florengebieten in Form einer Schau- und Schutzsammlung angepflanzt sind.

Die Liste der im Garten vorhandenen gefährdeten Pflanzen umfasst rund 500 Spezies, von denen etwa die Hälfte durch Tiefkühlung (siehe unten) ihrer Samen konserviert sind. Es gibt eine Aufstellung von Kriterien für ihre Kultivierung, Erhaltung und Vermehrung. Auch ist angegeben, in welche Schutzkategorien sie einzuordnen sind, und zwar nach den „Roten Listen":

- Rote Liste der gefährdeten Tiere und Pflanzen in der Bundesrepublik Deutschland
- Rote Liste Farn- und Blütenpflanzen Hessen

Die Samen vieler Arten sind in unserer Samenbank gelagert, wobei durch Schlüsselnummern die Art der Einlagerung und das Einlagerungsdatum erkennbar werden. Die Einlagerung erfolgt unter Bedingungen, die geeignet sind, die Keimfähigkeit wertvollen Saatgutes lange zu erhalten, möglichst über eine Zeitspanne von vielen Jahren. Hierzu gehört die Aufbewahrung bei Temperaturen um -20 °C. In Keimversuchen gewonnene Erkenntnisse über den Einfluss verschiedener Lagerungsbedingungen auf die Keimfähigkeit der Samen – z. B. bei Zimmertemperatur (20 °C), im Kühlschrank (5 °C) und in der Tiefkühltruhe (-20 °C) – werden bei den Aussaaten berücksichtigt.

Aufgrund der genannten Lagerungstechniken und Verfahren ist der Botanische Garten in der Lage, eine größere Artenzahl zu beherbergen als dies möglich wäre, wenn in jedem Jahr sämtliche Arten aufs Neue herangezogen würden.

Der Botanische Garten Frankfurt kann seit dem Jahre 1972 auf eine reichhaltige Sammlung von Samenmaterial der hier kultivierten Arten zurückgreifen. Einige dieser Arten waren zu diesem Zeitpunkt schon selten geworden oder gar vom Aussterben bedroht. Es ist eine unserer wichtigsten Aufgaben, den gesamten Pflanzenbestand und speziell den der seltenen und bedrohten Arten sorgfältig zu pflegen. Durch Kultivierung schaffen wir die Basis für die Erhaltung solchen Pflanzenmaterials, dessen taxonomische Identität gesichert ist. Zukunftsweisend sind auch der Erhalt und der ständige Ausbau der bestehenden Samenbank.

3. TÄTIGKEITEN DES GÄRTNERISCHEN PERSONALS
[H. GRASMÜCK, aktualisiert von A. KÖNIG]

„Wer ein Leben lang glücklich sein will, der werde Gärtner."
(fernöstliche Weisheit)

Ein Botanischer Garten ist ein sensibles, hochgradig künstliches System, das ohne intensive Pflege keinen Bestand hat. Daher sind im Botanischen Garten ständig zahlreiche Fachkräfte im Einsatz. Aufgrund der großen Pflanzenvielfalt aus allen Erdteilen ist hierbei großer gärtnerischer Sachverstand nötig. Wichtig ist daher eine klare Zuordnung der Aufgaben, für deren Umsetzung der Technische Leiter verantwortlich ist.

Der Botanische Garten gliedert sich in mehrere Bereiche, die von Revierleiterinnen und -leitern geführt werden. Diese Revierleiter teilen sich die anfallenden Arbeiten mit den ihnen zugeordneten Gärtnern und Saisonkräften. Wichtige Tätigkeiten sind die Beseitigung von unerwünschtem Pflanzenaufwuchs, die Wasserversorgung der Pflanzen, generative und vegetative Vermehrung, Überwinterung von frostempfindlichen Pflanzen, Wegepflege, die Betreuung der Rasen- und Wiesenflächen, die allherbstliche Entschlammung des Teiches und vieles mehr. Zur Routine zählt auch das Sammeln und Aufbereiten von Saatgut für den internationalen Samentausch mit anderen wissenschaftlichen Einrichtungen weltweit.

Schwerpunkte im Winter, wenn der Garten für den Publikumsverkehr nicht geöffnet ist, sind Instandhaltungsarbeiten an Wegen, Be- und Entwässerungsanlagen, Teichen, Werkzeugen und Maschinen sowie Arbeiten zur Sicherung der Kompost- und Substratqualität. Umfangreichere Um- und Neubaumaßnahmen im Freiland und in der Gärtnerei werden vor allem im Winter durchgeführt. Ganz wichtig sind schließlich die Baumpflegemaßnahmen, um die Verkehrssicherheit im Garten zu gewährleisten. Hierzu zählt die Totholzentnahme wie auch die Fällung erkrankter oder abgestorbener Bäume.

Wochenend- und Feiertagsdienste stellen ganzjährig die sachgerechte Kultur der wertvollen und z. T. unersetzlichen Pflanzen sicher. Die Beschilderung der Pflanzen ist ein wesentliches Charakteristikum Botanischer Gärten. Sie wird durch die Revierleiter und Gärtnerinnen und Gärtner überwacht. Hierzu gehört auch die Registrierung der Zu- und Abgänge von Arten, die notwendig ist für die Aktualisierung der Pflanzenbestandslisten.

4. ÖKOLOGISCH-SOZIOLOGISCHE REVIERE DER FLORA MITTELEUROPAS UND DER ALPEN

4.1 Buchenwälder [R. WITTIG]

Mit Ausnahme der Hochgebirge, Hochmoore und Gewässer wäre Mitteleuropa ohne Eingreifen des Menschen vollständig von Wald bedeckt. Der konkurrenzstärkste aller einheimischen Waldbäume ist die Buche (*Fagus sylvatica*). Sie kommt daher an den meisten Standorten von Natur aus zur Dominanz. Die Mehrzahl unserer natürlichen Wälder sind somit (fast) reine Buchenwälder. Viele Waldkräuter sind bezüglich der Bodeneigenschaften (pH-Wert, Nährstoffgehalt) ihres Standortes wählerischer als die Buche. Aus diesem Grunde weisen die Buchenwälder unterschiedlicher Standorte verschiedenartige Krautschichten auf.

Buchenwald mit Busch-Windröschen (Anemone nemorosa) und Frühlings-Platterbse (Lathyrus vernus) in der Krautschicht

Je nach Zusammensetzung dieser Krautschicht unterscheidet man in Mitteleuropa vier weit verbreitete Buchenwaldtypen sowie einige weitere relativ seltene Buchenwaldgesellschaften. Auf sauren, relativ nährstoffarmen Böden (z. B. im Taunus) ist der Hainsimsen-Buchenwald (Luzulo-Fagetum) anzutreffen, auf basenreicheren, allerdings immer noch sauren Standorten ist der Waldmeister-Buchenwald (Galio odorati-Fagetum) weit verbreitet. Im Botanischen Garten ist von den häufigeren Buchenwaldtypen dagegen der natürlicherweise auf kalk- und nährstoffreichen Standorten wachsende Waldgersten-Buchenwald (Hordelymo-Fagetum) nachgebildet. Dieser Waldtyp ist besonders im Frühjahr sehr attraktiv, wenn sich in ihm ein reich blühender Teppich aus sogenannten Frühjahrsgeophyten ausgebildet hat. Die häufigsten Arten sind das Busch-Windröschen (*Anemone nemorosa*) und der Hohle Lerchensporn (*Corydalis cava*). Als weitere Arten der Krautschicht seien exemplarisch genannt: Waldmeister (*Galium odoratum*), Frühlings-Platterbse (*Lathyrus vernus*), Haselwurz (*Asa-*

rum europaeum), Efeu (*Hedera helix*), Vielblütige Weißwurz (*Polygonatum multiflorum*), Goldnessel (*Lamium galeobdolon*) sowie die namengebende Waldgerste (*Hordelymus europaeus*).

Der zweite im Garten verwirklichte Buchenwaldtyp, der Seggen- oder Orchideen-Buchenwald (Carici-Fagetum), gehört in der Natur zu den selteneren Waldtypen. Er stellt nämlich relativ hohe Ansprüche an die Temperatur des Standortes. Daher kommt er – mit Ausnahme einiger Wärmeinseln – in Deutschland nur auf südexponierten Hängen vor, deren Böden aus Kalk- oder Lavagestein hervorgegangen sind. In Nordwestdeutschland fehlt er völlig. Bezeichnende Arten der Krautschicht sind u. a. die Berg-Segge (*Carex montana*) und die Finger-Segge (*C. digitata*) sowie die Orchideen Weißes und Rotes Waldvöglein (*Cephalanthera damasonium, C. rubra*). In der Kulturlandschaft sind Halbtrockenrasen und Wärme liebende Gebüsche häufig in der Umgebung derartiger Wälder anzutreffen. Entsprechend wurde der Orchideen-Buchenwald im Botanischen Garten in Nachbarschaft zu diesen Vegetationstypen angelegt, deren Gesamtheit man umgangssprachlich unter Verwendung eines alten, wissenschaftlich heute nicht mehr gebräuchlichen Begriffs als Komplex der „Steppenheide" bezeichnet.

4.2 Eichen-Hainbuchen-Mischwald [R. WITTIG]

An Standorten, wo für die Buche der Boden und/oder das Klima etwas zu trocken oder etwas zu feucht ist, kommen die Hainbuche (*Carpinus betulus*) und unsere beiden Eichenarten – auf der trockeneren Seite die Trauben-Eiche (*Quercus petraea*), auf der feuchteren Seite die Stiel-Eiche (*Quercus robur*) – zur Dominanz. Man spricht daher von Eichen-Hainbuchen-Mischwäldern. Außer den genannten Arten können in den Eichen-Hainbuchen-Wäldern auch noch Esche (*Fraxinus excelsior*), Wildkirsche (*Prunus avium*) und insbesondere die Winter-Linde (*Tilia cordata*) auftreten.

Ähnlich wie die Buche sind auch die Hainbuche und die genannten Eichenarten relativ unabhängig vom pH-Wert des Bodens. Daher findet man Eichen-Hainbuchen-Wälder auf bodensauren bis schwach basischen Standorten. Entsprechend differenziert kann die Krautschicht ausgebildet sein. Außerdem bestehen natürlich Unterschiede zwischen dem Eichen-Hainbuchen-Wald der eher trockenen und dem der eher feuchten Standorte.

Im Botanischen Garten ist modellhaft die Abfolge von einem Buchenwald (frischer Standort) zu einem Bach begleitenden Wald (nasser Standort) dargestellt. Bei dem dazwischen liegenden Eichen-Hainbuchen-Wald handelt es sich also um die feuchte Ausbildung des Eichen-Hainbuchen-Waldes. Da es sich bei dem benachbarten Buchenwald um den natürlicherweise auf basischen Standorten vorkommenden Typ handelt, wird auch vom Eichen-Hainbuchen-Wald eine Basen liebende Ausbildung präsentiert. Bezüglich der Zusammensetzung der Krautschicht unterscheidet sich unser Eichen-Hainbuchen-Wald daher wenig vom benachbarten Buchenwald. Bezeichnende zusätzliche Arten des Eichen-Hainbuchen-Waldes sind der Goldschopf-Hahnenfuß (*Ranunculus auricomus*) und die Große Sternmiere (*Stellaria holostea*).

4.3 Bachauenwald mit Übergängen zum Schluchtwald
[R. WITTIG]

Den vom Hochwasser eines Fließgewässers im Jahresverlauf regelmäßig überfluteten Bereich bezeichnet man als Aue. Die Überflutung bedeutet eine regelmäßige Störung, die zahlreiche ökologische Probleme mit sich bringt. Arten, die mit diesem Problem nicht zurechtkommen, können an entsprechenden Standorten nicht überleben, solche, die an die Störung angepasst sind, haben einen Konkurrenzvorteil. Unter den einheimischen Baumarten zeigt die Schwarz-Erle (*Alnus glutinosa*) eine sehr gute Anpassung, denn ihre Wurzeln können lange Zeit auch in völlig sauerstofffreier Umgebung überleben (die Sauerstoffversorgung ist in wassergefülltem Boden erheblich schlechter als in luftgefülltem), indem sie von der Atmung zur Gärung übergehen. Auch die Esche kommt mit Überflutungen relativ gut zurecht. Die charakteristischen Waldgesellschaften des Auenbereiches unserer Bäche werden daher entweder von der Erle oder der Esche oder von beiden gemeinsam dominiert.

Die typische Waldgesellschaft an den Bachufern des Unterlaufes der Taunusbäche ist der Hain-Sternmieren-Erlenwald (Stellario nemorum-Alnetum glutinosae). Eine allerdings in der Natur seltene und beispielsweise im Taunus sogar fehlende Charakterart dieser Gesellschaft ist der in unserem Modellwald im Botanischen Garten sehr häufige Straußenfarn (*Matteuccia struthiopteris*). Im Oberlauf nehmen die Mittelgebirgsbäche nicht selten zunehmend Schluchtwaldcharakter an. Bezeichnend für Schluchtwälder sind breitblättrige, kühle und luftfeuchte Standorte bevorzugende Arten, von denen im Botanischen Garten u. a. das Silberblatt (*Lunaria rediviva*) und die Hirschzunge (*Asplenium scolopendrium*) gezeigt werden.

Am Bachlauf gedeihen Sumpf-Dotterblume (Caltha palustris), Hirschzunge (Asplenium scolopendrium) und Ausdauerndes Silberblatt (Lunaria rediviva).

4.4 Birken-Eichenwald [R. WITTIG]

Auf sehr nährstoffarmen sauren Böden, wie man sie in weiten Teilen des nordwestlichen Mitteleuropa findet, vermag die Buche nicht zu wachsen, wohl aber die Stiel-Eiche (*Quercus robur*) und die Hänge-Birke (*Betula pendula*; auf der folgenden Seite abgebildet ein zweistämmiges Exemplar). Daher ist dort der Birken-Eichenwald weit verbreitet. Obwohl die Eiche namengebend ist, fehlt sie diesen Wäldern manchmal völlig. Aufgrund der Nährstoffarmut der nordwestdeutschen Heideböden (siehe 4.6 Atlantische Zwergstrauchheide) entwickeln sich daher nicht mehr genutzte Heiden zum Birken-Eichenwald. Aus diesem Grund befindet sich in unserem Garten unmittelbar neben dem Birken-Eichenwald eine Heidefläche.

Früher nahm man an, dass die Heide aus Birken- bzw. Kiefern-Eichenwald entstanden sei. Neuere Untersuchungen deuten jedoch darauf hin, dass die Buche auch in den Heidegebieten ein wichtiger Waldbaum war. Die wirtschaftsbedingte weitere Verarmung der an sich bereits relativ armen Böden hat aber dazu geführt, dass die Buche sich auf ungenutzten alten Heideflächen bis heute meistens nicht wieder eingestellt hat.

Aufgrund der Nährstoffarmut des Standortes weist der Birken-Eichenwald im typischen Fall eine sehr lückenhafte Krautschicht mit wenigen anspruchsvollen Gräsern und Kräutern auf. Die Präsentation eines solchen Waldtyps in unserem Botanischen Garten bereitet große Schwierigkeiten. Selbst wenn man, wie es regelmäßig geschieht, nährstoffarmen Sand anfährt, so reichern sich in diesem durch Nachbarschaftseffekte sowie Nährstoffeintrag aus der Luft relativ schnell Nährstoffe an, so dass anspruchsvolle, konkurrenzkräftige Arten aus den umliegenden Beeten eindringen können. Ohne ständige Pflege wäre nach wenigen Jahren die Krautschicht eines nährstoffreichen Buchenwaldes anstatt der von nährstoffarmen Eichenwäldern vorhanden.

4.5 Kiefern-Eichenwald [R. WITTIG]

Vom Kiefern-Eichenwald gibt es zwei hinsichtlich der Krautschicht sehr unterschiedliche Typen. In Nordostdeutschland finden wir einen artenarmen Kiefern-Eichenwald, dessen Krautschicht der des oben beschrieben Birken-Eichenwaldes ähnelt. In Gebieten mit kalkreichen Sanden, wie man sie beispielsweise in der Umgebung von Mainz vorfindet (Mainzer Sand), ist die Krautschicht des Kiefern-Eichenwaldes dagegen deutlich artenreicher. Insbesondere enthält sie eine Vielzahl basenliebender Elemente. Einen solchen Kiefern-Eichenwald haben wir im Botanischen Garten nachgebildet. Bezeichnende Bestandteile der Krautschicht dieses basiphilen Kiefern-Eichenwaldes sind *Anthericum ramosum, Carex humilis, Pimpinella saxifraga, Silene nutans, Fragaria vesca, Polygonatum odoratum, Peucedanum oreoselinum, Scorzonera humilis* sowie diverse Wintergrün-Arten *(Chimaphila umbellata, Pyrola chlorantha, Pyrola rotundifolia)*. Obwohl die vorgenannten Basenzeiger in der Regel deutlich dominieren, können auch Säurezeiger vorhanden sein (*Festuca ovina, Hieracium pilosella, Avenella flexuosa, Calluna vulgaris* sowie diverse Moose). Die wichtigsten Arten der Baumschicht sind die Wald-Kiefer (*Pinus sylvestris*) und die Stiel-Eiche (*Quercus robur*). Die relativ lückige Baumschicht erlaubt eine gut ausgeprägte Strauchschicht, zu der in der Regel *Viburnum lantana, Cornus sanguinea, Lonicera xylosteum* und *Crataegus monogyna* gehören.

4.6 Atlantische Zwergstrauchheide [R. WITTIG]

In Nordwestdeutschland, dem ehemaligen großflächigen Wuchsgebiet der atlantischen Heiden, werden unter dem Begriff „Atlantische Zwergstrauchheide" baumlose Zwergstrauchbestände zusammengefasst, die meist auf armen Sandböden vorkommen. Im Gegensatz dazu versteht man unter Heide in Süddeutschland Kalkmagerrasen des Berg- und Hügellandes (siehe 4.9 Sonniger Kalkhang) und im östlichen Mitteleuropa lichte Kiefernwälder der sandigen Ebenen. In allen Fällen bezeichnet Heide das ehemalige gemeinsame Weideland, die so genannte „Almende".

Noch vor 50 bis 100 Jahren wurde das Landschaftsbild der armen Sandgegenden des nordwestlichen Mitteleuropas sowie Westeuropas („Geest") von den im größten Teil des Jahres braunen, im August rosaroten Heideflächen bestimmt. Diese Heiden, die früher auch in den aus sauren Gesteinen aufgebauten Mittelgebirgen weit verbreitet waren, verdanken ihre Entstehung einem auf die Nährstoffarmut der Böden zurückgehenden speziellen Bewirtschaftungssystem, das auf einem komplexen Gefüge von extensiver Weidewirtschaft (Wanderschäferei) und der mit dem Ackerbau verbundenen Streunutzung beruhte.

Auf nährstoffarmen, sauren, relativ trockenen Böden ist unter extensiver Schafbeweidung keine andere Pflanze so konkurrenzfähig wie das Heidekraut (*Calluna vulgaris*; auf der folgenden Seite in voller Blüte abgebildet). Die Schafbeweidung erzeugt daher einen dicht geschlossenen und reich blühenden Heideteppich. Ohne Schafbeweidung wird dieser schnell lückenhaft und blütenarm. Während beweidete Exemplare von *Calluna vulgaris* 30 bis 40 und sogar 50 Jahre alt werden können, sterben unbeweidete Exemplare spätestens im zweiten Lebensjahrzehnt ab. Eine nicht beweidete Heide überaltert schnell, so dass andere Arten Fuß fassen können und die Fläche sich allmählich wieder zum Wald entwickelt.

In früheren Zeiten wurden überalterte Heidebestände von den Bauern samt der angefallenen Humusschicht und der Wurzeln abgehackt (diesen Vorgang bezeichnet man als „plaggen" oder „Plaggenhieb"). Die Plaggen wurden als Stallstreu verwendet und anschließend als Dung auf die Felder in der Umgebung der Höfe ausgebracht. Auf diese Weise verarmte die Heide ständig an Nährstoffen, was eine immer stärkere Bevorteilung von *Calluna vulgaris* gegenüber eventuellen Konkurrenten bedeutete. Auch wurden durch die Nährstoffverarmung bestimmte bodenchemische Prozesse in Gang gesetzt, die ein charakteristisches Profil der Heideböden erzeugten (Heide-Podsole).

An der Erhaltung der Heiden waren auch die Imker interessiert. Nicht abgeplaggte überalterte Heidebestände wurden von ihnen angezündet, was ebenfalls zur Regeneration führte. Heidekraut kann nämlich auf einer dichten Humusschicht, wie sie sich unter Heide bildet, nicht keimen. Jungpflanzen entwickelten sich daher früher entweder nach dem Abplaggen oder nach dem Abbrennen.

Alle diese zur Erhaltung einer intakten Heide erforderlichen Vorgänge sind in einem Botanischen Garten natürlich nicht möglich. Es gelingt daher nicht, einen geschlossenen Heideteppich zu erzielen, so dass auf dem untypisch nährstoffreichen Boden sehr schnell zahlreiche Pflanzenarten aufkommen, die nicht zum Heideökosystem gehören. Die Darstellung einer Heidelandschaft erfordert daher einen sehr hohen gärtnerischen Aufwand.

Neben dem dominierenden Heidekraut können noch einige weitere Zwergsträucher in der Heide auftreten, von denen Englischer Ginster,

Behaarter Ginster und Deutscher Ginster besonders charakteristisch sind (*Genista anglica, G. pilosa, G. germanica*). Die wissenschaftliche Bezeichnung der Gesellschaft lautet daher Genisto-Callunetum. An Gräsern kommen Schaf-Schwingel (*Festuca ovina*), Dreizahn (*Danthonia decumbens*) und Borstgras (*Nardus stricta*) vor, an etwas feuchteren Stellen tritt das hochwüchsige Pfeifengras (*Molinia caerulea*) hinzu. Mit zunehmender Annäherung an die Küsten bekommt das Heidekraut verstärkt Konkurrenz durch die Krähen-Beere (*Empetrum nigrum*), im Bergland durch Heidel- und Preiselbeere (*Vaccinium myrtillus, V. vitis-idaea*).

Atlantische Zwergstrauchheide mit Heidekraut (Calluna vulgaris) in Blüte

4.7 Moor- und Sumpfpflanzen [R. WITTIG]

Unter einem Moor versteht der Vegetationsökologe eine für Feuchtstandorte typische Vegetation, die auf dem von ihr gebildeten Torf wächst. Es ist also weder allein die Vegetation noch alleine der Torf, sondern erst die Kombination von beidem, die die Benutzung des Begriffes „Moor" rechtfertigt. Sumpf ist dagegen ein unscharf definierter Begriff für

Oben: Carex appropinquata; unten: Fritillaria meleagris in Blüte

terrestrische Lebensräume mit mindestens zeitweise stark vernässten, schlammigen Böden und stagnierendem Wasser, in denen jedoch keine Torfbildung stattgefunden hat.

Im Bereich Moor- und Sumpfpflanzen finden sich im Botanischen Garten Arten von Bruchwäldern (*Osmunda regalis, Viola palustris*), Bachauenwäldern (*Carex remota, Equisetum sylvaticum, Equisetum telmateia*), Feuchtwiesen (*Juncus effusus, Angelica sylvestris, Caltha palustris*), Feuchtbrachen und Verlandungsbereichen von Gewässern (*Lythrum salicaria, Epilobium hirsutum*), Röhrichten (*Carex lasiocarpa, Glyceria maxima, Butomus umbellatus*) und Flachmooren (*Comarum palustre, Menyanthes trifoliata*) sowie einige wenige von Heide- und Hochmooren (*Erica tetralix*). In dem den Bereich der Moor- und Sumpfpflanzen durchziehenden, langsam fließenden Bach trifft man Wasserlinsen (Lemnaceen) und Wassersterne (Callitriche) an.

4.8 Sandsteppe (Dünenvegetation) [R. WITTIG]

Unter Steppe versteht man einen aufgrund von zu geringen Niederschlägen von Natur aus baumfreien, durch Gräser beherrschten Vegetationstyp, wie er in Mitteleuropa natürlicherweise nicht vorkommt. Ausgedehnte Steppen existieren beispielsweise in der Ukraine, im nördlichen China und in der Mongolei. In Mitteleuropa können jedoch anthropogene Vegetationstypen entstehen, die denen der natürlichen Steppen physiognomisch und floristisch ähneln. Prädestiniert für die Entstehung solcher anthropogenen Steppen sind bodenbedingte Trockenstandorte (Sand), die zudem noch im Bereich klimatischer „Trockeninseln" gelegen sind, wie dies beispielsweise beim Mainzer Sand der Fall ist. Die dort und auch südlich und südwestlich von Frankfurt anzutreffenden Sandrasen enthalten zahlreiche Arten, deren Hauptverbreitung im kontinentalen Bereich, z. B. in der ukrainischen Steppe, liegt und die in Deutschland ausgesprochen selten sind. Man deutet das Vorkommen dieser Arten in Mitteleuropa als Relikt einer nacheiszeitlichen Wärmezeit, in der entsprechende Steppen auch in Mitteleuropa weit verbreitet waren. Bezeichnende Arten der kalkreichen Sanddünen sind die Silberscharte (*Jurinea cyanoides*), das Blaue Schillergras (*Koeleria glauca*) und die Sand-Lotwurz (*Onosma arenaria*).

Abbildung auf S. 29: Sandsteppe mit Sand-Grasnelke (Armeria maritima subsp. elongata) in Blüte

4.9 Sonniger Kalkhang (Steppenheide) [R. WITTIG]

Ähnlich wie die nährstoffarmen Sandböden Nordwestdeutschlands waren südexponierte Hänge mit flachgründigen Böden in der Regel landwirtschaftlich nur extensiv als Grünland (Schafbeweidung oder Mahd) nutzbar. Da in Süddeutschland kalk- und andere basenreiche Standorte weit verbreitet sind und weil das in diesen Böden enthaltene Kalzium einen wichtigen Pflanzennährstoff darstellt, sind die unter extensiver Nutzung entstehenden Vegetationstypen erheblich arten- und strukturreicher als die atlantische Zwergstrauchheide (siehe 4.6). In der Regel entstand unter extensiver Grünlandnutzung ein Vegetationsmosaik aus Waldresten, Gebüschen, den Gebüschen vorgelagerten schmalen Hochstaudensäumen, blumenreichen Magerrasen sowie Felsrasen auf den herausragenden Steinblöcken. Dieses Wärme und basische Böden liebende, Trockenheit ertragende Vegetationsmosaik beherbergt zahlreiche seltene und inzwischen gefährdete Pflanzenarten, u. a. Enziane, Orchideen und Federgräser. Wegen der sommerlichen Trockenheit sowie des bereits im Frühjahr relativ günstigen Klimas bieten Trockenhänge schon Anfang April einen bunten Blütenreigen aus z. B. Küchenschelle (*Pulsatilla*), Frühlings-Adonisröschen (*Adonis vernalis*) und *Muscari neglectum* (Syn.: *M. racemosum*). In der Natur findet sich an solchen Standorten in der Regel auch eine reiche Wärme liebende Fauna (Smaragdeidechse, zahlreiche Schmetterlingsarten, Feldgrille, Weinbergschnecke).

Pulsatilla vulgaris   *Adonis vernalis*

4.10 Wiese [R. WITTIG]

Wiesen verdanken ihre Entstehung und ihren Fortbestand der Sense bzw. in neuerer Zeit den Mähmaschinen. Zweck des Mähens ist die Gewinnung von Winterfutter für das Vieh.

Das Mähen bedeutet einen plötzlichen Einschnitt, dem nur die bodennahen Blätter und Stängel entgehen. Diejenigen Pflanzen, die nach diesem Eingriff am raschesten wieder in die Höhe streben können, gelangen auf Dauer zur Dominanz. In ein- bis zweischürigen Wiesen herrschen daher hohe Gräser und Stauden vor. Je öfter die Wiese gemäht wird, desto zahlreicher sind niederwüchsige Arten vertreten. Besonders ausgeprägt ist dies beim Parkrasen der Fall, in dem nur niedrigwüchsige Gräser sowie Kriech- und Rosettenpflanzen auf Dauer überleben können. Die im Garten großflächig vorhandene Glatthaferwiese ist die in Südwestdeutschland sowie auch in den tieferen Lagen des Alpenbereiches am weitesten verbreitete Wiese.

Namengebendes sowie oft dominierendes Gras ist der Glatthafer (*Arrhenatherum elatius*). An weiteren häufigen Gräsern kommen vor: Wiesen-Knäuelgras (*Dactylis glomerata*), Wiesen-Rispengras (*Poa pratensis*), Goldhafer (*Trisetum flavescens*) und Wiesen-Schwingel (*Festuca pratensis*). Neben den Gräsern sind zahlreiche Kräuter vorhanden, die der Wiese mit ihren unterschiedlichen Blütenfarben einen bunten Aspekt verleihen. Besonders bezeichnend für die Glatthaferwiese sind der Wiesen-Storchschnabel (*Geranium pratense;* blauviolett), das Kleinblütige Wiesen-Labkraut (*Galium mollugo;* weiß) sowie der Wiesen-Pippau (*Crepis biennis;* gelb).

Von der Glatthaferwiese werden zahlreiche Ausbildungen unterschieden (von mäßig trocken bis mäßig feucht, von mäßig nährstoffreich bis nährstoffreich). Der größte Teil der im Botanischen Garten vorhandenen Wiesen gehört zum Wärme liebenden Untertyp, der sich durch das Vorkommen des Wiesen-Salbeis (*Salvia pratensis*) und der Skabiosen-Flockenblume (*Centaurea scabiosa*) auszeichnet. Da unsere Wiese von Gärtnerhand überhaupt nicht gedüngt wird, sind auch mehrere Magerkeitszeiger anzutreffen, u. a. der Kleine Klappertopf (*Rhinanthus minor*) und die Rundblättrige Glockenblume (*Campanula rotundifolia*).

Wiesen-Pippau (Crepis biennis), ein dominierender Aspekt der Wiesen

Den mehr am Unterhang gelegenen Wiesen des Gartens fehlen die oben genannten Wärme- und Trockenheitszeiger. Mit zunehmender Teichnähe treten dafür einige Feuchtigkeitszeiger auf, so dass man hier von der feuchten Ausbildung der Glatthaferwiese sprechen kann. Direkt am Teich sowie im Bereich der Einmündung des kleinen Baches in den Teich handelt es sich nicht mehr um eine Glatthaferwiese, sondern um eine Feuchtwiese vom Typ der Sumpfdotterblumen-Wiese (Calthion).

Unsere Glatthaferwiese wurde jahrelang intensiv für Lehrzwecke genutzt und aus diesem Grunde oft später gemäht, als dies in der Landwirtschaft üblich ist. Aus diesem Grunde hat sich – insbesondere in der trockenen Ausbildung – der für Wiesen untypische Acker-Schachtelhalm (*Equisetum arvense*) ausbreiten können. Abgesehen von dieser einzigen Abweichung vom „natürlichen" Vorbild findet man im Frankfurter Raum aufgrund der voranschreitenden landwirtschaftlichen Intensivierung kaum noch so typisch ausgebildete Glatthaferwiesen wie in unserem Botanischen Garten.

4.11 Die Neugestaltung des Basaltbaches [A. KÖNIG]

Im Jahre 2013 konnte die schon seit langem gewünschte Erneuerung des Basaltbaches erfolgen. Der mit Leitungswasser gespeiste Bachlauf hatte immer viel Wasser verloren und der Acker-Schachtelhalm hatte sich in dem Lehmboden so stark ausgebreitet, dass er nicht mehr in Schach gehalten werden konnte. Die schönen großen Basaltblöcke waren Eisbergen gleich abgetaucht und nur noch die Spitzen ragten aus dem Lehm heraus. Es kamen auch vermehrt unerwünschte Gehölze auf. Ein pflanzensoziologisches Konzept für diesen Bereich war nicht mehr erkennbar und bis auf einige wenige wertvolle Pflanzen, die rechtzeitig gesichert wurden, waren keine Besonderheiten mehr vorhanden.

Passend zu einem Sammlungsschwerpunkt des Botanischen Gartens sollen hier nun einheimische und bedrohte Pflanzenarten gezeigt werden. Hierfür wurde eine neue Biotopanlage geplant, die den Basalt wieder sichtbar machen und regionale floristische Besonderheiten darstellen kann. Basalt passt deshalb so gut an diesen Ort, weil der heutige Vogelsberg vor etwa 15 Millionen Jahren seine vulkanischen Aktivitäten bis nach Frankfurt erstreckte. Kleine Steinbrüche in der nächsten Umgebung des Botanischen Gartens (im heutigen Grüneburgpark und in Bockenheim die Basaltstraße) zeugen hiervon bis in die jüngste Vergangenheit.

Gemeinsam mit einer Garten- und Landschaftsbaufirma aus Oberursel wurde gleich zu Beginn des Jahres 2013 mit den Bauarbeiten begonnen. Zunächst wurden alle Basaltsteine von der Fläche entfernt und sorgfältig von Erde und anhaftenden Schachtelhalmresten befreit. Dann wurde der gesamte Oberboden etwa 30-40 cm tief abgeschoben. Im unteren Bereich

Unterlauf des Basaltbaches

kamen alte, teilweise noch funktionierende Entwässerungsrohre zum Vorschein. Diese Drainage wurde erneuert und in die unterhalb liegende Schachbrettblumen-Wiese geleitet. Dadurch entstand dort eine ganzjährig Wasser führende Quelle und eine erwünschte sickernasse Stelle in der Feuchtwiese.

Der neue Verlauf des Basaltbaches wurde mit schnelleren und stilleren Fließstrecken sowie einem angedeuteten steilen Prallhang mit einer kleinen nordexponierten Blockhalde und einem Gleithang mit einem flachen südexponierten Schotterfeld modelliert. Diese mikroklimatisch unterschiedlichen Standorte sind für verschiedene seltene und gefährdete Pflanzenarten geeignet. Außerdem wurde am Unterlauf eine wechselnasse Mulde angelegt, die den Gelbbauchunken als Laichbiotop dienen soll.

Die gesamte Parzelle einschließlich der zu erneuernden angrenzenden Wege wurde zunächst mit Wegebaumaterial aus Basalt (so genanntes Mineralgemisch 0/32 mm) und einer Lage Filtervlies als Sperre gegen verbliebene Schachtelhalmsprosse abgedeckt. Danach wurden Bachlauf und Unkenbiotop mit formbaren Tonziegeln (Teichbauelementen) ausgelegt und wasserdicht verstampft. Der Ton musste frostfrei gelagert und verarbeitet werden, was im Februar 2013 kein einfaches Unterfangen war. Auf die Tonschicht kam eine weitere Lage Filtervlies als Schutz gegen Erosion und in das Gerinne eine Schicht bunter Ederkies (32-70 mm) aus Fritzlar. Natürlich wären uns gerundete Bachsteine aus Vogelsbergbasalt lieber gewesen, aber wir haben keinen Lieferanten dafür gefunden. Und der wirklich schöne Ederkies entschuldigt unserer Meinung nach den geologischen Stilbruch.

Zum Schluss wurde der abgetragene Lehm durch das neue Substrat ersetzt. Dafür wurde preiswerte Steinerde (Vorsiebmaterial) aus einem Basaltsteinbruch bei Ober-Widdersheim genommen. Es handelt sich dabei um ein ähnliches Gestein wie bei dem gesiebten Wegebaumaterial 0/32, nur ist der Feinanteil deutlich höher, was für die künftigen Kulturen günstig ist.

Mit der großzügigen finanziellen Unterstützung des Freundeskreises des Botanischen Gartens konnte diese komplette Neugestaltung erfolgen. Insgesamt wurden bei fast dreimonatiger Bautätigkeit etwa 100 m³ Material ausgetauscht und für die gesamte Baumaßnahme ziemlich genau 30.000 Euro ausgegeben, wovon Zwei Drittel der Freundeskreis getragen hat.

Bepflanzung am Basaltbach

In der nahe bei Frankfurt gelegenen Wetterau gibt es noch kleine und größere Basaltmagerrasen mit einer speziellen Vegetation auf bodensaurem, aber gleichzeitig relativ basenreichem Untergrund. Es handelt sich um trockene Grasländer, in deren offenen Lücken kleine einjährige Pflanzen (Therophyten) wachsen. Diese Magertriften wurden früher mit Schafen beweidet und offen gehalten, sie verbuschten aber nach der Bewirtschaftungsaufgabe zusehends. In einem von der Europäischen Union geförderten Naturschutzgroßprojekt (LIFE-Projekt „Wetterauer Hutungen") werden diese Pflanzengemeinschaften durch Reaktivierung der Schäferei erneuert und erhalten. Unser Ziel ist es, einige dieser meist unscheinbaren floristischen Kostbarkeiten im Botanischen Garten zu zeigen und damit gleichzeitig auch für regionale Naturschutzprojekte zu werben.

Auf unserer neu gestalteten Fläche soll im Hauptaspekt auf den flachen, trockenen und sonnigen Standorten ein bodensaurer Trockenrasen des pflanzensoziologischen Verbandes Koelerio-Phleion phleoidis entstehen. Direkt benachbart zu den vorhandenen Kalk-Halbtrockenrasen des Verbandes Mesobromion können dann verschiedene Ausprägungen heimischer Trockenvegetation betrachtet werden. Außerdem ist durch das abwechslungsreiche Relief der Standort bereitet für Arten aus anderen Pflanzengesellschaften, die auch in der Natur meistens eng mit den Trockenrasen verzahnt sind, nämlich Steinschutt- und Geröllfluren (Thlaspietea rotundifolii), Kleinschmielen-Rasen (Thero-Airion), Lückige Xerothermrasen und Ephemerenfluren, Felsfluren (Sedo-Scleranthetalia) und Weiderasen (Lolio-Cynosurion). Welche Arten dabei letztlich bei uns das Rennen machen werden, wissen wir noch gar nicht so genau. Dies hängt von edaphischen und mikroklimatischen Faktoren ab, die nur ungefähr voraussagbar sind.

Für den Hauptaspekt wurden zunächst typische Horst-Gräser ausgebracht, unter anderem Großes Schillergras (*Koeleria pyramidata*), Westfälischer Schwingel (*Festuca guestfalica*), Echter Wiesenhafer (*Helictotrichon pratense*). Diese Erstbegrünung erfolgte unter anderem aus regional gewonnenem Saatgut einer Firma aus Wetzlar. In die Lücken kamen unscheinbare Raritäten aus dokumentierten Wildherkünften, wie zum Beispiel die Aufrechte Weißmiere (*Moenchia erecta*), das Spatelblättrige Filzkraut (*Filago pyramidata*) oder das Große Knorpelkraut (*Polycnemum majus*). In unserer kleinen Blockhalde wachsen Rheinischer Schaf-Schwingel (*Festuca rhenana*), Rheinischer Steinbrech (*Saxifraga rosacea* subsp. *sponhemica*), Zierliche Fetthenne (*Sedum forsterianum*), Wallisischer Schuppen-Wurmfarn (*Dryopteris cambrensis* subsp. *insubrica*) und Felsen-Fingerkraut (*Drymocallis rupestris*). Im feuchteren Bereich des Amphibientümpels gedeihen zum Beispiel Mäuseschwänzchen (*Myosurus minimus*) und Tausendgüldenkraut (*Centaurium erythraea*).

4.12 Teich und Teichrand [H. LANGE-BERTALOT]

Außer kleinen Quellaustritten gab es vor der Gestaltung des Botanischen Gartens keine Gewässer auf diesem Gelände. Infolge der etwas tieferen Lage tritt auch heute noch oberflächlich versickertes Niederschlagswasser aus dem Grüneburgpark und dem höher gelegenen Villen-Viertel nördlich der Miquelallee hier wieder zu Tage. Dieses und Wasser aus einer später unterirdisch angelegten Zisterne dienen der Speisung der beiden Bäche, die wiederum in das größte Gewässer des Gartens, den eutrophen Teich, fließen (siehe die Abbildung auf der folgenden Seite).

Ein Teich ist – im Gegensatz zum Weiher oder See – immer künstlich angelegt, und eutroph bedeutet nährstoffreich. Das Wasser eines Teiches kann periodisch abgelassen werden, um Schlamm zu entfernen, der sich durch die Zersetzung pflanzlicher und tierischer Biomasse bildet. Zusätzlich werden Sand-, Ton- und andere mineralische Partikel eingespült. Ohne Entschlammung würde der Teich wie jeder natürliche flache Weiher bis mäßig tiefe See allmählich verlanden. Der Teich im Botanischen Garten wird regelmäßig entschlammt, ohne das Wasser gänzlich abzulassen. Auf diese Weise werden vor allem die tierischen Teichbewohner weitest gehend geschont.

Blutweiderich (Lythrum salicaria) am Teichrand

Im Teich und an seinen Ufern findet man die im Rhein-Main-Gebiet häufigsten der etwa 100 Wasser- und Sumpfpflanzen, die im Garten insgesamt gesehen werden können.

Im Gegensatz zu der Mehrzahl aller künstlichen Gewässer in Parks, aufgelassenen Kiesgruben oder bewirtschafteten Fischteichen ist unser Teich eher naturnah. Das heißt, die Vegetation der freien Wasserfläche und des Ufers ist in verschiedene, konzentrische Zonen gegliedert und ähnlich artenreich wie in einem natürlichen flachen Stillgewässer.

Das Schilf (*Phragmites australis*) ist mit 2-3 m das „größte" Gras Mitteleuropas. Es dominiert die Verlandungszone (Schilf-Röhricht) und wächst vom Ufer immer weiter in die Wasserfläche hinein. Weiter entfernt vom Ufer stehen die schlanken, fast ebenso hohen, aber blattlos erscheinenden Halme der Seebinse (*Schoenoplectus lacustris*). Sie ist in den gemäßigten Klimazonen mehrerer Kontinente verbreitet, während das Schilf eine der ganz wenigen weltweit verbreiteten Arten unter den Samenpflanzen ist, ein echter Kosmopolit – schon vor der „allgemeinen Globalisierung" der Pflanzenarten durch den Menschen.

Überhaupt ist die Vegetation in und direkt an den Gewässern auf der ganzen Welt viel ähnlicher als die terrestrische Vegetation. Zumindest findet man auf allen Kontinenten die gleichen Gattungen – wenn auch verschiedene Arten – am Wasser; ganz anders dagegen z. B. die Wälder, die sich in ihrer Artenzusammensetzung stark unterscheiden.

Wo ein Schild auf das Großseggen-Ried hinweist, stehen dicht am Ufer die Horste (Bulte) der Steifen-Segge (*Carex elata*). Zu den eher rasenartig wachsenden Arten gehört die Ufer-Segge (*Carex riparia*). Ebenso wie die volkstümlich Süßgräser genannten Poaceae besitzen auch die Sauergräser (Cyperaceae), zu denen unter anderem die Gattung *Carex* zählt, kleine Blüten ganz ohne auffälligen Schauapparat. Sie sind nicht leicht bestimmbar, was den Ehrgeiz junger Botanikerinnen und Botaniker stimulieren sollte.

Zwischen den Seggen (*Carex*) stehen zwei im blühenden Zustand vergleichsweise leicht von jedem zu identifizierende Pflanzen. Es sind Kalmus (*Acorus calamus*) und Sumpf-Schwertlilie (*Iris pseudacorus*). Wenn sie ohne Blüten oder den kolbigen Blütenstand nur anhand vegetativer Merkmale erkannt werden sollen, wird es schon schwieriger, sie zu unterscheiden. Hier am Teichufer in enger Nachbarschaft kann man sie im direkten Vergleich jedoch relativ leicht ansprechen. Der im 16. Jahrhundert aus Asien eingebürgerte, heilkräftige und würzende Kalmus hat grasgrüne, einseitig fein quer gefältelte Blätter, die ursprünglich hier heimische Iris dagegen glatte, blaugrüne. Das Rhizom der Schwertlilie wurde früher als falscher Kalmus bezeichnet.

Im Sommer blühen zwischen den Seggen am Ufer vier andere, hochwüchsige Arten. Auffällig ist z. B. der sehr selten gewordene Langblättrige Ehrenpreis (*Veronica longifolia*). Der viel häufiger vorkommende Ufer-Wolfstrapp (*Lycopus europaeus*) zeigt im unteren Teil des Stängels Platzwunden, aus denen schaumig weiß aussehendes Durchlüftungsgewebe (Aerenchym) hervorscheint, ein Phänomen der Anpassung an seinen sehr nassen und oft sauerstoffarmen Standort. Die langen, vielblütigen Infloreszenzen des Blut-Weiderichs (*Lythrum salicaria*) sind nicht zu übersehen, um nur eine der intensiv rot blühenden Arten des Uferbewuchses zu nennen. Am ufernahen Rand des Schilf-Röhrichts findet man vom Hoch- bis in den Spätsommer die bis zu 3 m hohe, sehr seltene Sumpf-Gänsedistel (*Sonchus palustris*), die unter den gelb blühenden Sumpfpflanzen besonders auffällt.

Auf der freien Wasserfläche dominieren die großflächigen, ganzrandigen Schwimmblätter der Weißen Seerose (*Nymphaea alba*; Foto rechts). Im Spätjahr heben sie sich dicht gedrängt etwas über den Wasserspiegel hinaus. Wie die Gelbe Teichrose (*Nuphar lutea*) gehört sie zur ursprünglichsten und ältesten Gruppe der zweikeimblättrigen Blütenpflanzen, nämlich in die weitere Magnolien-Verwandtschaft.

Verlässt man den Teich und folgt dem Bachlauf bis zu einem Habitat in der Nähe der Atlantischen Zwergstrauchheide, finden sich einige Pflanzen der Flach- und Hochmoore, für die gärtnerisch geeignete Bedingungen geschaffen wurden. Unter anderem gedeiht dort die Schwanenblume (*Butomus umbellatus*), die zur Verwandtschaft des Froschlöffels (*Alisma plantago-aquatica*) zählt. Der Froschlöffel ist namengebend für eine ganze Ordnung (Alismatales; siehe unten), die weltweit mit nur etwa 400 Arten vertreten ist. Die meisten Arten davon stehen in Deutschland auf der Roten Liste. Einige sind in größeren Regionen Mitteleuropas bereits ausgestorben, teils durch rigorose Trockenlegung ihrer Standorte, teils durch den übermäßigen Eintrag von Düngemitteln, die auch in die verbleibenden Feuchtbiotope gelangen. Die Schwanenblume ist noch nicht gefährdet, da sie an nährstoffreiches Wasser angepasst ist. Sie ist aber doch schon seltener geworden.

Möchte man weitere seltene, schwer kultivierbare Wasserpflanzen aus der Nähe betrachten, empfiehlt sich ein Weg zur ehemaligen Systematischen Abteilung und zur benachbarten Sumpf- und Wasserpflanzenanlage mit ihren zahlreichen Wasserbecken, die zwar nicht schön, doch zweckmäßig sind. Hier stehen viele Rote Liste-Arten.

Den Kriechenden Sellerie (*Apium repens*) findet man wild nur noch im Nordwesten Europas. Dieser subatlantisch verbreitete Doldenblütler (Apiaceae) ist in vielen Bundesländern schon ausgestorben, in anderen ist er stark gefährdet. Mehr im Südwesten verbreitet und nach der Roten Liste auch noch nicht ganz so stark gefährdet ist der Knotenblütige Sellerie

(*Apium nodiflorum*). Das Gewöhnliche Pfeilkraut (*Sagittaria sagittifolia*), welches wie die Schwanenblume ebenfalls zu den Alismatales gehört, findet man in dem Becken am Ende der Sumpf- und Wasserpflanzenanlage. Beim Pfeilkraut – früher wurden die stärkehaltigen Wurzeln wie Kartoffeln gegessen – stehen weibliche und männliche Blüten getrennt übereinander.

In einem Becken des ehemaligen Systems hinter dem Bauerngarten leuchten die zarten, hellgelben Blüten der Seekanne (*Nymphoides peltata*). Sie wurde in Hamburg „Blume der Freiheit" genannt, weil sie im früher preußischen Stadtteil Altona nicht wachsen wollte. Weniger auffällig sind die weißen Blüten der Krebsschere (*Stratiotes aloides*), einer weiteren Froschlöffel-Verwandten. Interessant sind besonders ihre etwas untergetaucht „schwebenden" Sprosse mit den stachelig berandeten Blättern, einer Aloe nicht unähnlich. Gefürchtet war die Krebsschere früher bei Fischern, weil sie, in Mengen auftretend, ihre Netze zerreißen und Hände verletzen konnte. Engländer nennen sie *water soldier* („Wasser-Soldat"). Das mag ein Grund für die weitgehende Ausrottung dieser Art sein.

Ein großer Teil der die Gewässer bewohnenden Pflanzen ist auf den ersten Blick für die Betrachter unsichtbar. Beugt man sich jedoch über das Ufer oder die Beckenränder und betrachtet im Wasser liegende Steine oder Pflanzenstängel, so fallen sofort grüne, braune und blaue Beläge auf. Dabei handelt es sich um Algen, vor allem Kieselalgen (Diatomeen), die nur im Mikroskop unterschieden werden können. Davon leben im Teich mehrere hundert Arten. Die Zahl ihrer Individuen aber beträgt viele Billionen. Die meisten bewegen sich aktiv auf allen Pflanzenteilen unter Wasser und auf dem Gewässerboden. Millionen befinden sich auf jedem Teelöffel Schlamm, den man aus dem Teich hebt. Auch sie produzieren über ihre Photosynthese Sauerstoff und organische Substanz und bilden die Basis der Nahrungskette für alle dort lebenden Tiere, vom Wimperntierchen über den Wasserfloh bis zum Fisch.

4.13 Hochgebirge (Alpinum) [M. WESSEL]

„Alpinum" ist die gärtnerische Bezeichnung für einen Steingarten. Man findet dort grundsätzlich alle alpinen Pflanzenarten unserer Erde, soweit sie gärtnerisch für eine Kultivierung in Frage kommen. „Alpin" dagegen ist die pflanzengeografische sowie ökologische Bezeichnung für das Vorkommen in der Hochgebirgsstufe, d.h. in dem Bereich zwischen der Baumgrenze und der Schneegrenze, jenseits derer kein pflanzliches Leben mehr existiert. Dem Begriff „alpin" muss „alpisch" gegenübergestellt werden. „Alpisch" bezieht sich auf das im südlichen Mitteleuropa liegende Hochgebirge, die Alpen, und ist somit ein topografischer (landschaftsbeschreibender) Begriff, der alle Alpenpflanzen meint, deren Hauptvorkommen in eben diesem Gebirge zu finden ist.

Das Griechische Blaukissen (Aubrieta deltoidea) erblüht früh im April.

Das Alpinum (der Steingarten) im Frankfurter Botanischen Garten hat ein gemeinsames Merkmal mit allen anderen Anlagen dieser Art im Tiefland, gleich wo: es bietet nicht die Bedingungen, die im alpinen Raum herrschen und die auf das Wachsen und Gedeihen der alpinen Pflanzen in besonderer Weise einwirken. Welches sind nun diese besonderen Bedingungen?

1. Als erstes ist hier die Temperatur zu nennen. Diese nimmt mit steigender Meereshöhe ab, während Frostperioden zunehmen. Extreme werden ausgeprägter, d. h. im Frühling und im Herbst ist ein Frostwechselklima mit großen Temperaturdifferenzen zwischen Tag und Nacht die Regel. Hinzu kommt eine oft lang anhaltende Schneebedeckung, so dass insge-

samt eine deutliche Verkürzung der Vegetationszeit festzustellen ist.

2. Der Wechsel der klimatischen Faktoren findet sehr häufig und oft in schroffer Form statt. Die gewohnte Abfolge der Jahreszeiten fehlt: einem sehr langen Winter folgt eine kurze, höchstens drei Monate dauernde Phase, in der Assimilation und damit Produktion pflanzlicher Biomasse möglich ist. Diese Zeitspanne entspricht den Jahreszeiten Frühling, Sommer und Herbst in einem. Dabei besteht immer die Möglichkeit eines Frosteinbruchs, selbst im alpinen „Hochsommer".

3. Das Hochgebirgsklima ist ein Strahlungsklima, d. h. bei Tag findet eine gegenüber dem Tal stärkere Einstrahlung und bei Nacht eine stärkere Ausstrahlung statt. Die UV-Strahlung ist bei Schönwetterlagen deutlich erhöht, was z. B. die Kleinwüchsigkeit vieler Hochgebirgspflanzen im Unterschied zum Anbau derselben Arten im Flachland erklärt.

4. Der Wind weht weitaus stärker und häufiger, je höher man sich in den Bergen befindet. Er wirkt direkt auf die Pflanzen ein, z. B. durch mechanische Schädigungen infolge Sand- oder Eisschliffs und vor allem indirekt, indem er den Schnee im Gelände verteilt. Diese Verteilung beeinflusst sehr massiv die Vegetationsmuster im Gebirge.

5. Schließlich fallen als weitere Faktoren die Exposition – mit zunehmender Meereshöhe wird der Unterschied in der Wärmesumme zwischen nord- und südexponierten Hängen immer drastischer – und der Boden – tiefe Bodentemperaturen bedingen verzögerten Nährstofffluss infolge gehemmter Mikroorganismentätigkeit – ins Gewicht.

Die Pflanzen alpiner Regionen reagieren auf die geschilderten Bedingungen mit besonderen Anpassungen, z. B. Polsterbildung, starker Behaarung oder Zwergwuchs. Viele alpine Pflanzen lassen allerdings ihre charakteristischen Ausprägungen im Tiefland vermissen, da die Bedingungen gänzlich anders sind als am Naturstandort. Im Alpinum lassen sich daher nicht unbedingt realistische Verhältnisse bezüglich des äußeren Erscheinungsbildes der Pflanzen erleben, da z. B. die Wuchsgrößen differieren. Trotz dieser Problematik kann eine alpine Steingartenanlage einen Eindruck von der Vielfalt und Form der Hochgebirgsvegetation vermitteln.

Im Frankfurter Alpinum sind ca. 800 verschiedene Farn- und Blütenpflanzen alpiner, in diesem Falle europäischer Gebirge, vorhanden.

Ursprünglich war außer der Trennung in die Ausgangsgesteine (Kalk und Silikat oder umgangssprachlich Urgestein) eine geografische (Pyrenäen, SO-Europa, Apenninen, Kaukasus) und eine ökologische (Wald, Knieholz, Rasen, Blockhalde, Felsspalten) Unterteilung deutlicher als heute zu erkennen. Das Alpinum gliedert sich nunmehr in Kalk- und Silikatgestein sowie einen Bereich „Kaukasus" (siehe 5.5). Florenelemente wie z. B. die der Pyrenäen finden sich an unterschiedlichen Standorten und nicht in klar definierten Parzellen des Alpinums. Schlechter werdende Standortbedingungen, z. B. stärkerer Baumdruck, sind hierfür die Ursachen. Auch ökologisch-soziologisch eindeutig definierte Bereiche gibt es nur vereinzelt, beispielsweise einen kleinen Bürstlingsrasen (Nardetum) oder Felsspaltenfluren in den kunstvoll aufgeschichteten Gesteinsblöcken.

Es folgt eine kleine Auswahl auffälliger und interessanter Pflanzenarten (Foto unten: auf Silikatgestein gedeiht die Spinnweb-Hauswurz, *Sempervivum arachnoideum*):

Hochgebirgspflanzen auf Silikat: Auf saurem Ausgangsgestein findet sich häufig die Zirbe oder Arve (*Pinus cembra*), an der Waldgrenze meist zusammen mit der Europäischen Lärche (*Larix decidua*). Beide Baumarten sind aber keine „Silikatbäume", sondern bezüglich des Ausgangsgesteins eher nicht wählerisch. Ihre Dominanz in diesen Bereichen liegt vielmehr an ihrer Resistenz dem rauen Klima gegenüber, wodurch sie der Fichte oder der Tanne überlegen sind. Kalkmeidend ist demgegenüber die Drüsige Primel (*Primula hirsuta*), eine Vertreterin der Silikat-Felsspaltenfluren. Auch die Bart-Glockenblume (*Campanula barbata*), die bevorzugt feucht-saure Magerrasen und Zwergstrauchheiden besiedelt, ist im Kalkgestein kaum anzutreffen.

Hochgebirgspflanzen auf Kalk: In oft riesigen Flächen findet man in den Kalkgebieten, z. B. der Ostalpen, undurchdringliche Latschengebüsche aus der Krummholz-Kiefer oder Legföhre (*Pinus mugo*), vor allem an der Waldgrenze. Auch hier ist wie bei der Zirbe die Überlegenheit ihrer Wuchseigenschaften in solchen Extremlagen der Grund. Sie kommt aber auch auf Silikat und in Hochmooren vor. Ausschließlich auf kalkreichen Standorten wächst als Pionier und Erstbesiedler, beispielsweise auf Felsschutt, die Silberwurz (*Dryas octopetala*), die als Teppichstrauch mit niederliegenden Trieben und dichtfilzigen, immergrünen Blättern bestens an alpine Extremlagen angepasst ist. Auch der Platanenblättrige Hahnenfuß (*Ranunculus platanifolius*), eine in Hochstaudenfluren anzutreffende, weiß blühende und über 100 cm groß werdende Art, ist kalkliebend.

Das Alpinum im April: Im Hintergrund steht eine Zirbel-Kiefer oder Arve (Pinus cembra), im Vordergrund rechts treiben Schwarzer Germer (Veratrum nigrum, vorn) und der Wald-Geißbart (Aruncus dioicus, dahinter) aus.

5. PFLANZENGEOGRAFISCHE REVIERE

5.1 Mittelmeergebiet [M. WESSEL]

Die mediterrane Region umfasst die Küstenlandschaften und Inseln des Mittelmeerraumes sowie die Länder des Kaukasusgebirges. Hier treffen demnach die drei Erdteile Europa, Asien und Afrika zusammen. Bedingt durch eine von den Eiszeiten weitgehend verschont gebliebene Klimageschichte konnte sich eine sehr artenreiche Vegetation mit ca. 20 000 verschiedenen Arten entwickeln. Im Vergleich zum übrigen Europa haben wir es hier also mit einer überaus formenreichen Pflanzenwelt zu tun. Dieses Phänomen wird unterstützt durch ein nicht einheitliches Klima. So herrschen zwar allgemein milde und niederschlagsreiche Winter vor, die Hauptniederschläge können aber im Herbst und Frühjahr oder, weiter südlich, im eigentlichen Winter erwartet werden. Trockenheiße Sommer können z. B. in Nord-Afrika weitgehend niederschlagsfrei sein und mit Durchschnittstemperaturen um 30 °C einhergehen.

Hier findet man Palmen und Trockensträucher in einer halbwüstenartigen Landschaft, während im Übergangsbereich zur mitteleuropäischen Region sommergrüne Flaumeichenwälder anzutreffen sind. Schließlich entwickeln sich im gesamten Mittelmeerraum starke und stetig wehende Winde (Mistral, Schirokko u. a.). Diese Winde können die Standortbedingungen wesentlich mitprägen und damit die Zusammensetzung der Vegetation entscheidend beeinflussen.

Trotz oder teilweise auch wegen der seit Jahrtausenden andauernden landwirtschaftlichen und sonstigen Nutzung der vorhandenen Lebensräume durch den Menschen, durch die die natürlichen Pflanzengemeinschaften weitgehend ge- oder zerstört sind, findet sich eine äußerst artenreiche Flora (siehe oben). Die Vielfalt der Klimate, der Gebirge, Inseln und Küstenlandschaften dieser Region mit oftmals kleinräumig sehr abwechslungsreicher Oberflächengliederung führte häufiger zu örtlich eng begrenzten Verbreitungsgebieten von Wildpflanzen, die dann als „endemisch" (griech. *endémos* = einheimisch) bezeichnet werden und zum Artenreichtum beitragen.

Das Gebiet „Mediterrane Flora" im Botanischen Garten (siehe Foto auf der vorherigen Seite) schließt nordöstlich an den Bereich „Steppenheide" an und bedeckt eine Fläche von ca. 1500 m². Auf dieser Fläche sind rund 400 verschiedene Pflanzenarten angesiedelt, darunter einige typische Hartlaubgehölze. Diese besitzen meist kleine, harte, oft nadelförmige oder stärker behaarte Blätter als Anpassung an die trockenen und heißen Sommer. Bedingt durch meist frostarme und mildfeuchte Winter sind die Blätter der

45

Hartlaubgehölze häufig immergrün. Beispiele hierfür in unserem Garten sind die Stein-Eiche (*Quercus ilex*), der Pfriemenginster (*Spartium junceum*), der Rosmarin (*Rosmarinus officinalis*) und der Mäusedorn (*Ruscus aculeatus* und *R. hypoglossum*), aber auch die Steinlinde (*Phillyrea angustifolia* und *P. latifolia*), die Lorbeerkirsche (*Prunus lusitanica*), die Zistrose (*Cistus laurifolius*) und der Judasbaum (*Cercis siliquastrum*; Foto auf der vorgehenden Seite links oben). Diese Gehölze sind Beispiele für frostempfindliche Arten, die im relativ milden Winter Frankfurts ohne besondere Winterschutzmaßnahmen im Freiland überleben können. Als krautige Vertreter der mediterranen Flora seien genannt: die Großblättrige Pfingstrose (hier abgebildet die Unterart *Paeonia mascula* subsp. *russii*), der Gelbe Lein (*Linum flavum*), die Myrten-Wolfsmilch (*Euphorbia myrsinites*), der Muskateller-Salbei (*Salvia sclarea*), der Herbst-Goldbecher (*Sternbergia lutea*) und der Italienische Aronstab (*Arum italicum*).

Ergänzt wird der Bereich „Mediterrane Flora" durch ein nur in der frostfreien Zeit von Mai bis Oktober bepflanztes Beet. Dieses Beet zeigt Pflanzen der makaronesischen Flora, die in unserem Klima nicht winterhart sind und daher im Gewächshaus überwintert werden. Es findet sich im südlichen Gartenbereich, wo sich früher die Kulturpflanzen-Abteilung befand (siehe Foto auf nachfolgender Seite; 5.2). Darüber hinaus besteht ein thematischer Bezug zu den Beeten „Steppenpflanzen Südosteuropas und Westasiens", die einige typische Pflanzen des betreffenden Steppentyps zeigen und sich entlang des Hauptwegs zum Bienenhaus gegenüber der „Kulturgeschichte der Gartenpflanzen" befinden.

Zu guter Letzt seien hier auch die Kalthaus- oder Kübelpflanzen genannt, die wie die makaronesischen Pflanzen frostfrei im Gewächshaus überwintert werden und sich in direkter Nachbarschaft zu den genannten im Sommer im Freiland präsentieren.

5.2 Makaronesien [H. GRASMÜCK]

Das pflanzengeografische Areal Makaronesien umfasst Madeira und die atlantischen Archipele der Azoren, Kanaren und Kapverden sowie je einen Küstenstreifen in Nordafrika und im Südwesten der Iberischen Halbinsel. Die geomorphologische Gliederung der Landschaften (Höhendifferenzen und starke Zerklüftung), das Klima und die andauernde Wirkung des Vulkanismus waren Voraussetzungen für die Bildung zahlreicher kleinklimatischer Nischen (z. B. Barrancos). Hinzu kommen die im Vergleich zu Nord- und Mitteleuropa weit weniger starken Auswirkungen der Eiszeiten. So fanden bestehende Pflanzenformen populationsgenetisch äußerst günstige Bedingungen vor, was – in erdgeschichtlichen Zeitspannen gesehen – zur raschen Entwicklung neuer Rassen und Formen geführt hat (Phänomen der adaptiven Radiation). Das Ergebnis war eine Vielzahl von definierten Neuformen, die so genannten Endemiten, in einer einzigartigen Ausprägung und Reichhaltigkeit. Diese Sonderstellung gab den Ausschlag für die Anlage des Makaronesienbeetes.

In der makaronesischen Region gibt es im Herbst und Frühjahr oft starke Niederschläge, die zusammen mit milden und frostarmen Wintern dazu führten, dass die verschiedensten Pflanzenfamilien im Laufe ihrer Stammesgeschichte immergrüne, verholzte Formen entwickelt haben. Deren Habitus ist aufgrund von warmen, trockenen Sommern xeromorph geprägt, d. h. zum Schutz vor Austrocknung entwickeln sie häufig kugelige oder halbkugelige Erscheinungsbilder. Die Einzelpflanzen tragen oft kleine, feste, mitunter sukkulente, manchmal auch nadelförmige oder behaarte Blätter. Auch Stammsukkulenz kommt öfter vor.

Insbesondere die höheren Inseln der Region, z. B. die westlichen Inseln der Kanaren, werden klimatisch stark durch den Nordost-Passat beeinflusst – einen in der Regel gleichmäßig aus dieser Richtung auf die Inseln treffenden Wind. Durch Luftstau und gleichzeitige Abkühlung kommt es an den luvseitigen, mittleren Berglagen dieser Inseln zur Wolkenbildung. Unter dem Einfluss des Passats konnten sich ausgedehnte Lorbeerwälder entwickeln, die heute noch als tertiäre Reliktflora bestehen, aber bedauerlicherweise anthropogen beeinträchtigt sind.

Der Nordost-Passat bedingt eine deutliche vertikale Zonierung der Vegetationsräume, die besonders auf Teneriffa stark ausgeprägt ist. Zum einen gibt es in Meeresnähe bis in etwa 500 m Höhe die warme, trockene Basalregion „unter den Wolken" mit ihrer spezifischen Sukkulentenbuschvegetation, deren Charakterpflanze die kandelaberförmig wachsende Kanaren-Wolfsmilch (*Euphorbia canariensis*) ist. Darüber folgt die feucht-warme Waldstufe „in den Wolken" mit Lorbeer- und Kiefernwäldern bzw. Heidebuschvegetation (*Myrica-Erica*-Buschwald). Diese Zone reicht bis in etwa 1 800 m Höhe. Es folgt die Baumgrenze, d. h. die trockene Hochgebirgszone „über den Wolken" mit ihren Ginsterarten, einigen prächtigen Natternköpfen (*Echium*) und wenigen endemischen, subalpinen Kräutern. In ähnlicher Form findet sich diese vertikale Zonierung auch auf den anderen westkanarischen Inseln wie La Gomera, La Palma und El Hierro.

Schwerpunkt der Anpflanzung sind die Gattungen *Aeonium*, *Echium* und *Euphorbia*, wobei zugleich auf die Präsentation der Vielfalt – speziell der Endemiten – Wert gelegt wurde (siehe auch 5.1).

5.3 Nordamerika [M. WESSEL]

Innerhalb des holarktischen Florenreiches, das sich über die nördliche Hemisphäre erstreckt, werden verschiedene Florenregionen unterschieden, so z. B. auf dem amerikanischen Kontinent die des östlichen und des westlichen Nordamerika. Die Florenregion des westlichen Nordamerika erstreckt sich von der Pazifikküste bis zu den Rocky Mountains und von höher gelegenen Gebieten Mexikos bis in das südöstliche Alaska. Bedingt durch diese Flächenausdehnung finden sich die unterschiedlichsten Vegetationszonen mit einer Vielzahl von Pflanzenarten. Diesen Artenreichtum, der den Mitteleuropas deutlich übersteigt, verdankt der nordamerikanische Kontinent der Tatsache, dass sich die Gebirge vorherrschend in Nord-Süd-Richtung erstrecken. Die Pflanzenarten konnten daher während der Eiszeiten in wärmere Gefilde des Südens ausweichen und nach Rückzug der Eismassen wiederum nach Norden einwandern. In Mitteleuropa wurde dies durch die in West-Ost-Richtung verlaufenden Gebirgszüge (Pyrenäen, Alpen, Karpaten) erschwert, was neben anderen Faktoren eine relative Artenarmut zur Folge hat. In Zahlen ausgedrückt und nur auf die Gehölze bezogen zählt man in Mitteleuropa ca. 200 Arten, in Nordamerika dagegen ca. 2 000 und in Ostasien, für das ein ähnlicher Sachverhalt gilt, sogar zwischen 4 000 und 5 000.

Durch die Anpflanzung „Nordamerikanische Flora" wird im Botanischen Garten versucht, einen Eindruck des oben skizzierten Artenreichtums zu vermitteln, indem ca. 400 Stauden- und Gehölz-Arten diverser Regionen gezeigt werden, die auch bei uns winterhart sind. Das Areal „Nordamerikanische Flora" umfasst eine Gesamtfläche von 7 000 m² und erstreckt sich als schmaler Streifen entlang des Zauns zum Grüneburgpark. Es wird im Norden begrenzt durch eine Anzahl hoch wachsender Gehölze, z. B. einer Gruppe von Mammutbäumen (*Sequoiadendron giganteum*; siehe Foto auf der vorhergehenden Seite), Colorado-Tannen (*Abies concolor*) und Scheinzypressen (*Chamaecyparis* sp.) und im Osten durch verschiedene Eichen-Arten (*Quercus imbricaria, Q. alba, Q. rubra, Q. marilandica*).

Betritt man den Garten vom Grüneburgpark her, befinden sich zur Rechten zwei Silber-Büffelbeeren (*Shepherdia argentea;* Foto rechts), deren mit hellen Schuppenhaaren besetzte Blätter ins Auge springen. Es handelt sich bei dieser Gattung um zweihäusige Sträucher, die vor dem Laubaustrieb blühen. Die kugeligen Steinfrüchte verfärben sich bis zur Reife orangerot. Weitere Beispiele bemerkenswerter  Gehölze: eine Riesen- oder Küsten-Tanne (*Abies grandis*), die am heimatlichen Standort der Pazifikküste bis 100 m hoch werden kann und hier immerhin ca. 22 m misst. Unter Kulturbedingungen erreicht diese Art den schnellsten Zuwachs unter den Nadelgehölzen und wird daher häufiger auch forstwirtschaftlich genutzt. Im Sommer fallen einige groß gewachsene, baumartige Magnolien mit ihren imposanten Blüten auf: Gurken-Magnolie (*Magnolia acuminata*) und Schirm-Magnolie (*M. tripetala*). Auch die Immergrüne Magnolie (*M. grandiflora*), die wegen ihrer geringen Winterhärte nur an klimatisch begünstigten Standorten wie diesem gedeiht, zeigt von Mai bis August vereinzelte, duftende Blüten.

Unter den Stauden der nordamerikanischen Flora sind im Frühjahr vor allem Vertreter der Gattung Dreiblatt (*Trillium* subsp.) auffällig. Diese interessanten Elemente der Wälder und Gebüsche tragen an meist aufrechten, kurz gestielten Sprossen endständige Wirtel dreizähliger Blätter sowie meist darüber einzelne, gestielte oder ungestielte, trichter- oder becherförmige Blüten. Im Bereich des Sumpfes nahe dem Bienenhaus wachsen am Fuße einer großen Zweizeiligen Sumpfzypresse (*Taxodium distichum*) imposante Vertreter der Aronstabgewächse (*Lysichiton americanus*), deren vor der Blattbildung entstehende Blüten mit gelben Hochblättern (Spathen) bereits von weitem die Aufmerksamkeit auf sich ziehen.

Oben: Gelbe Scheincalla (Lysichiton americanus); unten: Labrador-Veilchen (Viola labradorica)

5.4 Ostasien [M. Wessel]

Die Pflanzenvielfalt ostasiatischer Florengebiete hat – ähnlich wie die der nordamerikanischen Region – einen sehr großen Einfluss auf die Gartenkultur Europas und speziell Mitteleuropas genommen. Eine Gartengestaltung, seien es Hausgärten oder große städtische Gartenanlagen, ohne Stauden und Gehölze aus China, Korea oder Japan ist schlichtweg kaum vorstellbar. Unsere Privatgärten, die städtischen Plätze, Straßen und Parks, aber auch Gartenanlagen ländlicher Gegenden wären ohne „fremdländische" Pflanzen sehr artenarm und um einiges monotoner. Es ist Pflanzensammlern wie z. B. Robert Fortune (1812-1880), Ernest Henry Wilson (1876-1930), George Forrest (1873-1932) oder Philipp Franz von Siebold (1796-1866) zu verdanken, dass unsere Gartenkultur um viele wertvolle Pflanzen bereichert wurde.

Die Ostasien-Abteilung erstreckt sich in Ost-West-Richtung entlang des die beiden Garteneingänge verbindenden Hauptweges. Sie besitzt eine Fläche von ca. 7 000 m² und zeigt ungefähr 500 verschiedene Stauden- und Gehölzarten vorwiegend der gemäßigten Regionen Chinas, Japans und Koreas. Einen Schwerpunkt bildet die Sammlung von Gehölzen aus der Familie der Heidekrautgewächse (Ericaceae), vor allem immergrüne

Rhododendron-Arten und sommergrüne Azaleen (ebenfalls Gattung *Rhododendron*). Der Blütenreigen beginnt im Frankfurter Klima oft schon im Februar mit der gärtnerisch selten genutzten Stachelspitzigen Azalee (*Rhododendron mucronulatum*) und dem umso häufiger zu findenden *R. × praecox*, einer Hybride zwischen *R. ciliatum* und *R. dauricum*. *Rhododendron mucronulatum* ist sommergrün; die purpurnen Blüten finden sich einzeln stehend oder an den Zweigenden zu 3-6 gehäuft, während der immergrüne *R. × praecox* seine heller gefärbten Blüten zu 1-3 Stück am ganzen Strauch verteilt zeigt. Hauptblütezeit der Rhododendren sind die Monate April und vor allem Mai, in denen seltene Arten wie *R. calophytum* und *R. sutchuenense* sowie die zahlreichen Azaleen-Arten und -Sorten die Ostasien-Abteilung in ein Meer von Farben tauchen. Insgesamt finden sich in der Anpflanzung rund 45 verschiedene Arten und Sorten der Gattung *Rhododendron*.

Ebenfalls eine farblich auffallende Bereicherung der Frühjahrszeit bilden die Primeln (*Primula*). Die rund 400 Arten der Gattung sind auf der Nordhemisphäre weit verbreitet. Sie besiedeln vielfältigste Lebensräume, von Wiesen über Wald- und Sumpfgebiete bis zum Hochgebirge und sind dementsprechend auch in der Gartenkultur sehr vielseitig einsetzbar: Gewässerränder, Sumpfanlagen, Zierrabatten, Steingärten, Alpinhäuser und auch Blumentöpfe im Haus sind ihre Standorte. Als Vertreter der ostasiatischen Flora finden sich bei uns im Garten z. B. die folgenden Arten: die so genannte Kandelaber-Primel *Primula bulleyana*, die Kugel-Primel *P. denticulata* sowie *P. sieboldii*, *P. japonica*, *P. polyneura* und andere.  Das Gartenjahr im Herbst wird bereichert durch das Zitrusgewächs *Citrus trifoliata* (früher *Poncirus trifoliata*), den Dreiblättrigen Zitronenbaum („Bitterorange"; siehe Foto). Dieser zur Familie der Rautengewächse (Rutaceae) zählende Strauch bildet ungenießbare, jedoch auffallende und hübsche, den Zitronen ähnliche Früchte von kugeliger Gestalt und goldgelber Farbe aus, die überreich an den Zweigen hängen und dem Gehölz einen mediterranen Charakter verleihen.

Als weitere Vertreter der Gruppe der Gehölze fallen z. B. ein Taschentuchbaum (*Davidia involucrata*) sowie eine Chinesische Flügelnuss (*Pterocarya stenoptera*) auf. Der Taschentuchbaum ist benannt nach Armand David (1826-1890), einem französischen Missionar und Chinaforscher. Es handelt sich um eine monotypische Gattung, also eine Gattung mit nur einer einzigen Art. Diese zeichnet sich aus durch zahlreiche kleine Blüten ohne Blütenhülle, die von zwei ungleich großen, bis 15 cm langen, hängenden und weiß gefärbten Hochblättern („Taschentüchern") umgeben sind. Die tonnenförmigen, leicht gerippten Früchte enthalten einen Steinkern und finden sich im Herbst, verteilt vor allem durch die den Garten bevölkernden Rabenkrähen, im gesamten Gartenareal.

Links: Scheinkamelie (Stewartia serrata); unten: Leycesterie (Leycesteria formosa)

Die sehr selten in Gärten zu findende Chinesische Flügelnuss (*Pterocarya stenoptera*), ein Vertreter der Walnussgewächse (Juglandaceae), ist der von Höhe und Kronenbreite her mächtigste Baum des Ostasien-Gebietes. Der Baum besitzt einen Stamm, der sich in knapp 1 m Höhe dreiteilt und eine weit ausladende Krone ausgebildet hat. Unser Exemplar dürfte von der am heimatlichen Standort erreichbaren Größe nicht weit entfernt sein, was ein Hinweis auf zusagende Standortbedingungen im hiesigen Garten ist.

Die abgebildete Leycesterie aus der Familie der Geißblattgewächse (Caprifoliaceae) ist ein bemerkenswerter Strauch aus dem Himalaya und SW-China. Er blüht im Spätsommer bis in den Frühherbst hinein mit sehr auffälligen, hängenden Blütenständen. Diese Art ist bedingt winterhart in unserem Klima, daher wird sie als Staude behandelt.

5.5 Kaukasus [M. WESSEL]

Dieser Bereich ist von der ursprünglichen Unterteilung des Alpinums (in Alpen und andere alpine Regionen; siehe 4.13) als einziger geografischer Komplex noch erkennbar erhalten geblieben. Beherrscht wird dieser Bereich durch einige groß gewachsene Gehölze, vor allem durch eine Orientalische Buche (*Fagus orientalis*) und eine Ungarische Eiche (*Quercus frainetto*). Typische Elemente des Kaukasus sind die gelb blühende Pfingstrose (*Paeonia mlokosewitschii*) und das blau blühende Kaukasusvergissmeinnicht (*Brunnera macrophylla*), die in trauter Blühgemeinschaft ein bezauberndes Bild abgeben. Die Kaukasische Yamswurzel (*Dioscorea caucasica*) ist eine kletternde Knollenpflanze, die dekoratives Laub trägt und eher unscheinbare Blüten besitzt. Ihre Verwandten in den tropischen Ländern liefern das Grundnahrungsmittel Yams. Der Kaukasus ist eine an Pflanzenarten überaus reich gesegnete Hochgebirgslandschaft, die aufgrund der Vielfalt an ökologischen Nischen zahlreichen Arten eine Heimat bieten kann und unter Botanikern sehr geschätzt wird. Von der natürlichen Vielfalt dieser Landschaften können wir im Botanischen Garten zwar nur rund 100 Vertreter zeigen, darunter finden sich aber zahlreiche Bekannte aus unseren Gartenanlagen und Parks.

6. DIE NEUAUSRICHTUNG DER ZIERPFLANZENRABATTEN SOWIE DER ABTEILUNGEN SYSTEMATIK UND KULTURPFLANZEN

6.1 Zierpflanzenrabatten [M. WESSEL]

Lange Zeit verfügte der universitäre Botanische Garten in Frankfurt am Main über ein reichhaltiges Zierpflanzen-Sortiment, welches sich linkerhand entlang des gesamten Hauptweges zum Bienenhaus und im unteren Bereich auch rechts des Hauptweges erstreckte. Hier waren früh im Jahr Zwiebelpflanzen wie z. B. Narzissen und Tulpen zu sehen, aber auch verschiedenste Zierrosen und Blütenstauden sowie Einjährige aus dem gängigen Sommerblumen-Sortiment. THEODOR BUTTERFASS notierte im Kapitel „Zierpflanzenrabatten" der ersten beiden Auflagen des Gartenführers: „JOHANN CHRISTIAN SENCKENBERG, der Stifter des Gartens, schrieb, der Garten solle ´nicht aus vielem Gärtner-Staat und

Auriculis, Anemonen, Ranunkeln, Tulpen, Hyacinthen` bestehen. ´Eben weniges [...] kann permittiret [erlaubt] werden`. Andererseits zeigt die wachsende Zahl der Zierpflanzen auch die wachsende Fähigkeit des Menschen, durch Züchtung die Natur umzugestalten und neue Arten aus fernen Ländern zu holen." Die Zierpflanzen wurden aus wissenschaftlichen und arbeitstechnischen Überlegungen heraus nach und nach durch andere Pflanzenarten und -gemeinschaften ersetzt. Heute sieht man folgendes dargestellt:

Zu Beginn des Hauptweges erstreckt sich ein Beet mit verschiedenen Strauch-Pfingstrosen (*Paeonia* × *suffruticosa*) und staudigen Vertretern der Gattung *Paeonia*, begleitet von passenden Gehölzen, z. B. aus der Gattung Ahorn (*Acer*), und Stauden aus verschiedenen Familien und Gattungen. Hier werden auch immer wieder einzelne einjährige Arten in wechselnden Zusammensetzungen erscheinen.

Direkt gegenüber befindet sich schon seit einigen Jahren eine Zierstaudenrabatte auf einem sonnigen und gleichzeitig von ostasiatischen Gehölzen bedrängten Standort. Hier wachsen folglich trockenheitsverträgliche und robuste Stauden wie Sorten des Blutroten Storchschnabels (*Geranium sanguineum* ´Apfelblüte` und ´Elsbeth`) oder eine Auswahl der zahlreichen Steppen-Salbei-Auslesen (*Salvia nemorosa* ´Blauhügel` und ´Caradonna`), die dem Betrachter Pflanzbeispiele auch für den heimischen Garten geben.

Dem Hauptweg zum Bienenhaus folgend schließen sich Beete an, die Beispiele aus Steppenregionen Südosteuropas und Westasiens zeigen (siehe hierzu auch das Kapitel 5.1 Mittelmeergebiet). Diese von verschiedenen Gräsern dominierten extremen Lebensräume beherbergen auch blütenreiche und farbenfrohe Arten wie die Spanische Golddistel (*Scolymus hispanicus*) oder die Purpur-Königskerze (*Verbascum phoeniceum*).

Zum Abschluss findet sich ein Beet, welches gemeinhin und natürlich völlig zu Unrecht als „Unkrautacker" angesehen werden könnte, aber von uns als „Ruderalflora" bezeichnet wird (siehe 7.3 Ruderalpflanzen).

Das letzte Teilstück der ehemaligen Zierpflanzenrabatten schließlich wurde zusammen mit der Frankfurter Ortsgruppe des NABU zu einem Wildbienen-Lehrstand umgestaltet, bestehend aus einer vielgestaltigen Wildbienenbrutwand und einer Informationsschautafel. Damit wird zum einen die reichhaltige Wildbienen-Fauna im Botanischen Garten unterstützt, zum anderen eine passende Ergänzung zum sich anschließenden Honigbienenhaus angeboten.

6.2 Systematische Abteilung und Kulturpflanzen-Abteilung [M. WESSEL]

Das ehemalige System des Botanischen Gartens ist nach dem Umzug der biologischen Fachinstitute auf den Campus Riedberg an dieser Stelle folgerichtig aufgelöst worden und heute im neu angelegten Wissenschaftsgarten der Goethe-Universität zu finden. Die frei gewordenen Flächen werden erst einmal für spezielle Anzuchten und Aufpflanzungen zu aktuellen Themen verwendet und mittelfristig durch neue Themen ersetzt.

Die alte Kulturpflanzen-Abteilung wurde von BUTTERFASS in den vorangegangenen Auflagen des Gartenführers ausführlich beschrieben, auch wenn sie bereits zu dem Zeitpunkt aufgrund Personalmangels stark reduziert war. Schon damals schrieb er zu den Rosen: „Die Rosen sind noch vorhanden (das bleiben sie auch weiterhin). In der Natur gibt es etwa 150 Rosen-Arten, von denen bisher noch keine zehn für die Züchtung der 25-30 000 Kultursorten verwendet worden sind. Mit Mühe könnte man in Deutschland vielleicht noch 1 000 Sorten finden; aber es kommen immer neue hinzu. Schon das Altertum kannte die Damaszener-Rose (*Rosa* × *damascena*, entstanden aus der Kreuzung der Essig-Rose, *R. gallica*, mit der Moschus-Rose, *R. moschata*; heute in Bulgarien und in der Türkei für Rosenöl angebaut). Später entstand die Kohl-Rose oder Provence-Rose (*R.* × *centifolia*; sie enthält die bei uns heimische Hunds-Rose, *R. canina*, eingekreuzt in *R.* × *damascena*, und liefert das südfranzösische Rosenöl). Ebenfalls wichtig geworden sind die Fuchs-Rose, *R. foetida*, aus dem Mittleren Osten, von der die gelbe Blütenfarbe vieler Züchtungen stammt, ferner die Vielblütige Rose (*R. multiflora* aus Ostasien), eine Ausgangsart der Polyantha- und der Floribunda-Hybriden, und die Wichura-Rose (*R. wichuraiana*, benannt nach MAX ERNST WICHURA, der sie aus Japan nach Deutschland brachte), eine Ausgangsart vieler Kletterrosen. Durch Auslese und Kreuzung entstanden z. B. die Teerosen und die Teehybriden, darunter die Sorte 'Gloria Dei`, die bisher erfolgreichste Rosenzüchtung mit weit über 100 Millionen verkauften Sträuchern. Die heutigen Rosensorten 'remontieren` alle, d. h. sie treiben immer neue Blüten. 'Des Sommers letzte Rose´ findet man nicht mehr Ende Juni, wie noch im 19. Jahrhundert, sondern vor Eintritt des Frosts. Der Stammbaum der Kulturrosen ist sehr unsicher, und Jahreszahlen stimmen oft nicht. Keine unserer Kulturpflanzen ist so gefühlsbeladen und hat als Symbol für so viele religiöse und auch sehr weltliche Zwecke herhalten müssen wie die Rose."

Eine weitere sehr interessante Abteilung, die neben den Rosen erhalten werden konnte, ist die Kulturgeschichte der Gartenpflanzen (Historische Gärten). Die historische Sicht beginnt mit den Pflanzen der Römerzeit (dieses Beet befindet sich unterhalb des Bienenhauses) und reicht über die Pflanzen zur Zeit Karls des Großen und über die Burg- und Klostergärten bis zu den Bauerngärten. In den einzelnen Beeten, die passenderweise und dadurch schon von weitem gut erkennbar mit einer niedrigen Buchs-Hecke eingefriedet sind, sehen wir verschiedene Gemüse-, Gewürz-, Heil- und auch Zierpflanzen. Allen gemeinsam ist, dass sie seit der Römerzeit die Gärten Mitteleuropas bevölkern und auch heute noch in den vielfältigen Ausprägungen von Bauerngärten angepflanzt werden. Es kann sich dabei nur um eine beispielhafte kleine Auswahl der Vielfalt handeln, wobei, dem Thema geschuldet, viele Arten in allen 5 Teilbeeten vorkommen. Unter vielem anderen sehen wir den Fenchel (*Foeniculum vulgare*), dann die Deutsche Schwertlilie (*Iris germanica*) oder drei verschiedene Arten und Sorten der Minze (*Mentha*).

Der Hauptbereich der alten Kulturpflanzen-Abteilung ist aufgrund der Beet-Strukturierung noch gut erkennbar. Heute werden hier Gehölz-Nachzuchten (der Gärtner sagt „Baumschule" dazu) betrieben und Ausweichflächen für Sonderausstellungen und anderes genutzt. Nicht zuletzt findet das geneigte Publikum hier vor einer hochgewachsenen Nadelgehölzgruppe eine (weitgehend ökologisch funktionierende) Toilettenanlage (Nowato = No-water-toilet).

7. SONDERSAMMLUNGEN

7.1 Bedrohte Arten und Erhaltungskulturen
[M. WESSEL]

Als Überbleibsel des alten Systems sind an unterschiedlichen Stellen verschieden große Wasserbecken zu sehen. Diese Becken beherbergen Wasser- und Sumpfpflanzen aus den unterschiedlichsten Pflanzenfamilien und -gesellschaften und werden auch zukünftig dem Gartenpublikum präsentiert. Man findet in diesen Becken neben bekannten und auch gärtnerisch gern kultivierten Arten wie z. B. der Krebsschere (*Stratiotes aloides*) und Seerosen-Arten (*Nymphaea*) auch vom Aussterben bedrohte Pflanzen wie den Lungen-Enzian (*Gentiana pneumonanthe*), den Kriechenden Sellerie (*Apium repens*) und andere. Diese Pflanzen leiten über zu einem der Hauptbetätigungsfelder des Botanischen Gartens: den bedrohten Arten (Pflanzen der Roten Listen) und den Erhaltungskulturen.

Seit Jahrzehnten bereits werden bedrohte Arten im Botanischen Garten in den verschiedenen Biotopen, vor allem in den Mitteleuropäischen Pflanzengesellschaften und auf dem Sonnigen Kalkhang, kultiviert. Begleitet waren diese Anpflanzungen in den natürlichen Pflanzengemeinschaften durch eine Beet-Abteilung mit dem Namen „Bedrohte Arten", welche sich immer schon in der Nähe des Systems befand. Insgesamt verfügten und verfügen wir auch heute über ungefähr 500 verschiedene in Deutschland heimische Arten der Roten Listen (Foto). Seit einigen Jahren werden die Arten in den Biotopen des Gartens durch rot gefärbte Pflanzenschilder gekennzeichnet, damit sie besser erkannt werden können. Zugleich ist die beetartig gestaltete Abteilung in der Nähe der Wasserbecken und dem Senckenbergischen Arzneigarten weiter ausgebaut worden. Ergänzt werden diese Beete neuerdings durch ebenfalls auf Beeten aufgepflanzte und im Bereich der nicht öffentlich zugänglichen Gärtnerei kultivierte sogenannte Erhaltungskulturen.

Die einstmals in Äckern verbreitete Kornrade (Agrostemma githago) steht heute in der Roten Liste.

Die vom Verband Botanischer Gärten e.V. betriebene Webseite, die zur Vertiefung des Themas empfohlen wird (www.ex-situ-erhaltung.de), definiert: „Eine Erhaltungskultur ist eine Population einer Pflanzenart oder

-unterart aus einer dokumentierten heimischen Wildherkunft, die in einem Garten kultiviert wird. Eine Population besteht dabei aus mindestens einem lebenden Individuum, in der Regel aber mehreren Pflanzen. Das Ziel der Erhaltungskultur ist, ihr lokales, regionales oder globales Aussterben zu verhindern."

Höchstes Ziel des Engagements der Botanischen Gärten in Deutschland und anderswo ist hierbei, Projekte zu unterstützen, die Pflanzen aus Erhaltungskulturen (ex situ) zurück in die Natur bringen (in situ), „um ausgestorbene Populationen wieder zu begründen, stark bedrohte zu stützen oder an neuer Stelle Ersatzpopulationen für verschwundene oder verschwindende zu etablieren." An dieser Arbeit beteiligt sich auch verstärkt der Botanische Garten Frankfurt am Main und handelt damit ganz im Sinne des Vertrages zwischen der Stadt Frankfurt und dem Land Hessen, mit dem die Existenz des Gartens im Jahr 2010 langfristig gesichert werden konnte.

Zur Zeit listet die oben genannte Webseite des Verbandes Botanischer Gärten und seiner AG Erhaltungskulturen über 30 Pflanzenarten auf, die in Frankfurt am Main im einschlägigen Sinne umsorgt werden, vom Frühlings-Adonisröschen (*Adonis vernalis*) über die Lanzettblättrige Glockenblume (*Campanula baumgartenii*) und das Bodensee-Vergissmeinnicht (*Myosotis rehsteineri*) bis zur Wilden Weinrebe (*Vitis vinifera* subsp. *sylvestris*). Zumindest vorläufig erfolgreiche Wiederansiedlungen in der Natur (sogenannte in-situ-Erhaltung) hat es z. B. mit dem Gewöhnlichen Berg-Steinkraut (*Alyssum montanum* subsp. *montanum*), der Schwarz-Pappel (*Populus nigra*) und der Sumpf-Fetthenne (*Sedum villosum*) gegeben.

7.2 Neuer Senckenbergischer Arzneipflanzengarten
[M. WESSEL & TH. BUTTERFASS]

Am 23. Juni 2007 wurde dieser gänzlich neu erbaute und vollständig aus Spendengeldern finanzierte Arzneigarten feierlich eröffnet. Er erinnert mit seinem Namen an den Arzt und Wohltäter, dessen 300. Geburtstag 2007 in der Stadt Frankfurt a. M. mit einem großen Veranstaltungsprogramm vielerorts gewürdigt wurde.

Aus 120 Tonnen mainfränkischem Muschelkalkstein sind 13 unterschiedlich große Hochbeete gestaltet worden, die über 140 verschiedene Heil- und Gewürzpflanzenarten beherbergen. Sowohl Flächengröße als auch Pflanzenzahl übertreffen die bisherigen zwei Arzneigartenvorgänger im Botanischen Garten deutlich. Durch die Hochbeete kann der Betrachtende die Pflanzen unmittelbarer und intensiver erleben. Ästhetische Wahrnehmungen wie z. B. von Düften sind möglich und erlauben eine intensivere Naturerfahrung mit den Pflanzen. Die freie Gestaltung der Natursteinmauern und damit auch der Pflanzflächen erlaubt eine ebenfalls freien Gestaltungsregeln folgende Bepflanzung.

Der Arzneigarten präsentiert die Pflanzen wie ein Heilpflanzenbuch mit 13 Kapiteln, wobei jedes Hochbeet ein Kapitel darstellt, in dem ein Anwendungsgebiet (Indikation, z. B. „Blutkreislauf" oder „Atemwege") der Arzneipflanzen beschrieben wird. Der Besucher kann sich je nach persönlichem Interesse dem einen oder anderen Kapitel zuwenden und erhält nach einer Einführung in das jeweilige Kapitel auf den einzelnen Buchseiten in Form von Texttafeln zu jeder gezeigten Pflanze weiterführende Informationen. Da viele der Pflanzen kurzlebig sind oder nur in Blüte ihre typischen Merkmale zeigen, wurden die Beschreibungen der Arzneipflanzen auf den Beeten stets mit aussagekräftigen Bildern versehen.

Der Garten unterscheidet sich sowohl bezüglich wissenschaftlicher Konzeption als auch baulicher Anlage deutlich von den zwei Vorgängern. Diese waren in eher traditioneller Weise aufgebaut: Rechtwinklige Beete zu ebener Erde, verbunden durch Betonplatten als Gehwege. Die Pflanzen waren in regelmäßigen geraden Reihen nach Wirkstoffen und Wirkstoffgruppen, z. B. „Arzneipflanzen mit Alkaloiden", aufgepflanzt. Das alte Konzept richtete sich primär an Studierende der Botanik und Pharmazie und weniger an die breite Öffentlichkeit. Durch die neue Anordnung nach Indikationen oder betroffenen Organsystemen werden nun auch interessierte Laien erreicht. Wer noch mehr zu den dargestellten Pflanzen und ihren Wirkstoffen wissen will, erhält reichhaltige weiterführende Information auf der Internetseite des Botanischen Gartens.

Der stark erhöhte Einsatz von Informationstafeln zu den Beeten, zu den einzelnen Pflanzenarten sowie zur Anlage allgemein erleichtert die Nutzung in der wissenschaftlichen Lehre und die Naturbelehrung der interessierten Öffentlichkeit. Der Garten kann somit in der Umweltbildung breiter Bevölkerungsschichten eingesetzt werden und schließt damit den Kreis der Geschichte vom Hortus medicus des Dr. Senckenberg zu heute.

Unser Garten war ursprünglich wie die meisten botanischen Gärten ein Heilpflanzengarten, ein Hortus medicus. Außer Medizinern sollte er all jenen offen stehen, die eine „ehrbare Lust" zur Pflanzenkunde, vor allem zur Heilpflanzenkunde, haben. Goethe, der den Garten öfter besuchte, regte an, auch „das physiologisch Bedeutende, was zur Einsicht in das Pflanzenleben führt und das ganze Studium krönt, weislich anzufügen". So geschah es, und vieles andere kam hinzu.

Wofür welche Heilpflanze gebraucht wird, lässt sich angesichts der Vielfalt nicht kurz darstellen. Stark vereinfachend kann man aber sagen: bittere Pflanzen stärken Magen und Darm, schleimhaltige lindern Schleimhautentzündungen und Husten und öffnen den Darm, gerbstoffhaltige schließen ihn oder hemmen Entzündungen, und Pflanzen, die ätherische Öle enthalten, lindern Krämpfe.

Arznei- und Gewürzpflanzen sollen wirken bzw. schmecken, ohne nennenswert zu schaden. Viele von ihnen sind dennoch Giftpflanzen. „Allein die Dosis macht, dass ein Ding kein Gift ist" (PARACELSUS 1537/38). Es gibt sogar stark giftige Pflanzen, deren Samen in manchen Gegenden – sparsam gebraucht – als Gewürz dienen oder gedient haben, so die des Seidelbasts (*Daphne mezereum*) statt Pfeffer; 10-12 Samen können schon den Tod bringen. Fast alle Heil- und Gewürzpflanzen können schaden, wenn sie zu hoch dosiert werden. Eine Ausnahme machen u. a. die Weißdorn-Arten (*Crataegus*), die ohnehin nur schwach wirken. Pflanzliche Gewürze werden in der Regel nur in kleinen Mengen gebraucht und schaden schon deshalb meist nicht.

Ob eine Pflanze pharmazeutisch genutzt wird, hängt u. a. vom Stand der Erkenntnis ab. Die Färberröte (*Rubia tinctorum*) darf z. B. nicht mehr verwendet werden, weil Nachteile sich als zu groß erwiesen haben. Der Wurmfarn (*Dryopteris filix-mas*) als alte Heilpflanze ist durch bessere und weniger gefährliche Mittel fast ganz verdrängt worden. Andere Pflanzen wie das Johanniskraut (*Hypericum perforatum*) oder purpurfarbige Sonnenhut-Arten (*Echinacea*) haben in neuerer Zeit schnell hohe Wertschätzung erreicht, der Beinwell (*Symphytum officinale*), ein altes Volksmittel, hat den Beifall der Wissenschaft gefunden, freilich alle drei mit Vorbehalten. Die Eibe (*Taxus baccata*), bekannt als sehr giftig, liefert neuerdings einen wertvollen Wirkstoff.

Getrocknete Heilpflanzen („Drogen" im ursprünglichen Sinne) spielten früher eine größere Rolle als heute. Gewöhnlich wurden sie unvermischt als „Simplicia" gebraucht. Sie enthalten aber meist mehrere bis viele wirksame, zum Teil auch schädliche Stoffe in stark schwankenden Konzentrationen. Im Madagaskar-Immergrün (*Catharanthus roseus*) finden sich über 60 Alkaloide; zwei von ihnen sind heilkräftig und werden deshalb abgetrennt. Eine Gefahr für Patienten ist, außer vielleicht in der Homöopathie, beim Gebrauch ganzer Pflanzenteile oder gar von Pflanzenmischungen gewöhnlich eher zu erwarten als beim Gebrauch erprobter chemischer Wirkstoffe. Dass größere Naturnähe von Heilmitteln eine bessere Wirkung und höhere Sicherheit gewährleiste, ist moderner Aberglaube. Dennoch bleiben Heilpflanzen eine wichtige Grundlage der Medizin. Auch Heilkräutertees – in vernünftigem Maße eingenommen – können helfen. Bei Gewürzen ist dagegen die Vielfalt der Inhaltsstoffe oft sogar erwünscht.

Einige Pflanzenarten verraten schon durch den wissenschaftlichen Namen, dass sie Heilpflanzen waren oder sind, z. B. der Ysop (*Hyssopus officinalis*): „officinalis" bedeutet „in der Apotheke verkauft".

7.3 Ruderalpflanzen [R. WITTIG]

Das Wort „Ruderalflora" stammt von lat. *rudera* (Trümmer) und bezeichnet ursprünglich diejenigen Arten, die insbesondere nach Kriegen auf Trümmergrundstücken zu finden waren. In Erweiterung dieses engen Begriffes versteht man unter Ruderalflora heute diejenigen Arten, die im Siedlungsbereich des Menschen spontan auftreten. In Siedlungen haben solche Arten die besten Chance, die entweder nur eine kurze Entwicklungsdauer benötigen oder aber sehr regenerationskräftig sind. Von großem Vorteil sind außerdem eine sehr hohe Samenproduktion und effektive Ausbreitungsmechanismen (Wind-, Klett- und Klebverbreitung). Die Mehrzahl der Ruderalpflanzen produziert ausgesprochen viele und kleine (leicht verbreitbare) Samen und Früchte. Entsprechend unauffällig sind in der Regel die Blüten. Lediglich unter den in unserem Garten repräsentierten Ruderalgesellschaften trocken-warmer Standorte finden sich einige attraktive, bunt blühende Arten, z. B. Königskerzen (*Verbascum*), Nachtkerzen (*Oenothera*), Natternkopf (*Echium vulgare*), Ochsenzunge (*Anchusa officinalis*) und Disteln (*Carduus, Cirsium, Onopordum*).

7.4 Brombeer-Sammlung [R. WITTIG]

„An ihren Früchten sollt ihr sie erkennen!" (MATTHÄUS 7,16). Diesem Wahlspruch der Bibel folgt offensichtlich der Volksmund, wenn er über 99% der zahlreichen mitteleuropäischen Vertreter der Gattung *Rubus* unter der Bezeichnung „Brombeere" zusammenfasst. Tatsächlich sind ja die Brombeeren anhand ihrer Früchte nicht oder allenfalls mit äußerster Schwierigkeit zu unterscheiden. Dagegen differieren die einzelnen Arten hinsichtlich ihrer Wuchsform (aufrecht bis kriechend), des Stängelquerschnitts (gefurcht, kantig, rund), der Bestachelung von Schössling und Blütenstandsachse (Stachellänge, Stacheldichte, Stachelform) sowie der Blattform (Fiederung, Zähnung, Behaarung) deutlicher voneinander als zum Beispiel die Rote Johannisbeere (*Ribes rubrum*) von der Schwarzen (*Ribes nigrum*), an deren Einstufung als selbstständige Arten jedoch niemand zweifelt.

Da viele Brombeeren gute Charakterarten von Pflanzengesellschaften sind und darüber hinaus unterschiedliche Areale besitzen, also für die Pflanzengeografie Bedeutung haben, ist es dringend erforderlich, den auch unter Biologen noch weit verbreiteten Irrtum von nur einer Brombeer-Art („*Rubus fruticosus*") auszuräumen. Der Botanische Garten hat sich als Ziel gesetzt, durch den Aufbau einer Brombeer-Sammlung hierzu beizutragen und damit gleichzeitig einen Anstoß für die Forschung zu geben.

7.5 Neophyten [B. ALBERTERNST]

Neophyten sind Pflanzen, die in einem bestimmten Gebiet nicht ursprünglich heimisch sind und die nach dem Jahre 1492 unter direkter oder indirekter Mithilfe des Menschen in dieses Gebiet gelangt sind, dort wild leben oder gelebt haben. Analog bezeichnet man Pflanzenarten, die bereits vor 1492 in ein neues Gebiet kamen, als Archaeophyten. In geschichtlicher Zeit wurden ca. 12 000 Pflanzensippen nach Deutschland eingeführt. Viele Arten wurden bewusst als Zierpflanzen, als Futterpflanzen für Tiere oder zur menschlichen Ernährung importiert, andere erreichten unbewusst z. B. als Vogelfutterbegleiter oder im Verpackungsmaterial von Handelsgütern (oftmals Heu) neue Wuchsgebiete. Die Entdeckung Amerikas durch Kolumbus Ende des 15. Jahrhunderts hatte einen großen Einfluss auf die Ausbreitung gebietsfremder Pflanzenarten, weil hiernach die weltweiten Handelsbeziehungen deutlich intensiviert wurden. Daher wurde das Jahr 1492 als Zeitgrenze zwischen Neo- und Archaeophyten gewählt.

Nur ein geringer Teil der eingeführten Pflanzenarten schaffte es, in der Vegetation der neuen Heimat Fuß zu fassen und sich ohne Zutun des Menschen selbständig zu vermehren und auszubreiten. Heute kommen in Deutschland ca. 380 neophytische Arten vor, die fest in unserer Vegetation etabliert sind. Von diesen Arten sind einige sehr häufig wie beispielsweise die Strahlenlose Kamille (*Matricaria discoidea*), die in Deutschland in 98,7 % der Messtischblätter verzeichnet ist, das Kanadische Berufkraut (*Conyza canadensis*) oder der Persische Ehrenpreis (*Veronica persica*).

Im Neophyten-Beet werden in Hessen häufig auftretende Arten wie Indisches Springkraut (*Impatiens glandulifera*), Kanadische Goldrute (*Solidago canadensis*) und Riesen-Bärenklau (*Heracleum mantegazzianum*), aber auch Arten kultiviert, die bei uns selten und bislang unbeständig vorkommen wie die Österreichische und die Orientalische Rauke (*Sisymbrium austriacum, S. orientale*), kultiviert.

Indisches Springkraut (Impatiens glandulifera). Die Art bildet in einigen Regionen Hessens, insbesondere an Flussufern, auffällige, große Bestände.

Die meisten gebietsfremden Pflanzenarten verursachen in Deutschland keine ökologischen, ökonomischen oder andere Schäden. Wenige Arten können hingegen erhebliche Probleme bereiten. So sind z. B. die im Neophytenbeet gezeigten ostasiatischen Staudenknöterich-Sippen (*Fallopia japonica, F. sachalinensis* und *F.* × *bohemica*) insbesondere in Baden-Württemberg aus wasserbaulicher Sicht problematisch, weil die Pflanzen an zahlreichen Flüssen die Uferbefestigungen unterwachsen, Steine aus dem Uferverbau herauslösen und hierdurch bei Hochwasserereignissen die Erosion fördern. Die Reparatur der beschädigten Ufer und die Entfernung der Pflanzen ist sehr kostspielig – so wurden hierfür Ende der 1990er Jahre allein in Südwestdeutschland ca. 330 000 Euro ausgegeben. Zudem können die Staudenknöteriche sehr dichte Bestände bilden und andere Pflanzenarten verdrängen. Sind hiervon seltene und/oder gefährdete Arten betroffen, ist dies aus Sicht des Naturschutzes problematisch.

Der im Kaukasus beheimatete Riesenbärenklau (*Heracleum mantegazzianum*) enthält in allen Pflanzenteilen Substanzen (Furanocumarine), die auf der menschlichen Haut in Kombination mit Sonneneinstrahlung schwere Hautschäden hervorrufen können.

Bastard-Staudenknöterich (Fallopia × bohemica, männliche Pflanze). Die Hybride zwischen Japan- und Sachalin-Knöterich wurde erstmals aus Tschechien beschrieben. Die Sippe wurde lange Zeit in Deutschland übersehen, ist aber bei uns weit verbreitet.

8. Der Botanische Garten zu jeder Jahreszeit – ein empfohlener Rundgang [G. Zizka]

8.1 Nadelgehölze aus aller Welt

Die Nadelgehölze gehören zur systematischen Gruppe der Nacktsamer (Gymnospermen), in die außerdem die Palmfarne und die weitere Verwandtschaft des Meerträubels (Gattung *Ephedra*) gestellt werden. Wie der Name andeutet, sind es Samenpflanzen, bei denen die Samenanlagen nicht von einem oder mehreren Fruchtblättern eingeschlossen sind.

Durch Fossilfunde wissen wir, dass diese Gruppe in Trias und Jura (vor 250-200 Millionen Jahren) besonders artenreich vertreten war. Die durch meist nadelförmige Blätter und zapfenförmige Blütenstände charakterisierte Untergruppe der Nadelgehölze oder Koniferen ist heute noch mit rund 550 Arten repräsentiert. Diese sind vor allem in den gemäßigten und nördlichen Breiten zu finden. Trotz der geringen Artenzahl (Angiospermen oder Bedecktsamige Pflanzen: >250 000 Arten!) spielen die Nadelgehölze in der Pflanzendecke unseres Planeten – speziell in den nördlichen Breiten und den Gebirgslagen – eine sehr wichtige Rolle. Die große wirtschaftliche Bedeutung der Nadelhölzer (z. B. Papiergewinnung, Bau- und Möbelholz) wird uns täglich vor Augen geführt.

Im Botanischen Garten werden über 70 Arten von Nadelhölzern kultiviert (z. T. in mehreren Unterarten oder Varietäten), darunter vor allem Kiefern (*Pinus*, 15 Arten), Fichten (*Picea*, 15) und Tannen (*Abies*, 7). Bei dem hier geschilderten Rundgang soll nur auf ausgewählte Arten eingegangen werden, die entlang des vorgeschlagenen Weges wachsen. Da die meisten Nadelgehölze immergrün sind (die nadelförmigen Blätter werden also mehrere Jahre alt und nicht gleichzeitig im Winter abgeworfen), zeigen sie das ganze Jahr über ihre charakteristische Gestalt und bieten sich daher auch im Frühjahr oder Herbst für einen Rundgang (Kartenskizze auf der folgenden Seite) an.

8.2 Ostasien

Der Rundgang beginnt vom Haupteingang kommend rechts vom Großen Teich. Dort steht ein stattliches Exemplar des Urweltmammutbaumes (*Metasequoia glyptostroboides*, 1). Der bis 50 m hohe, som-

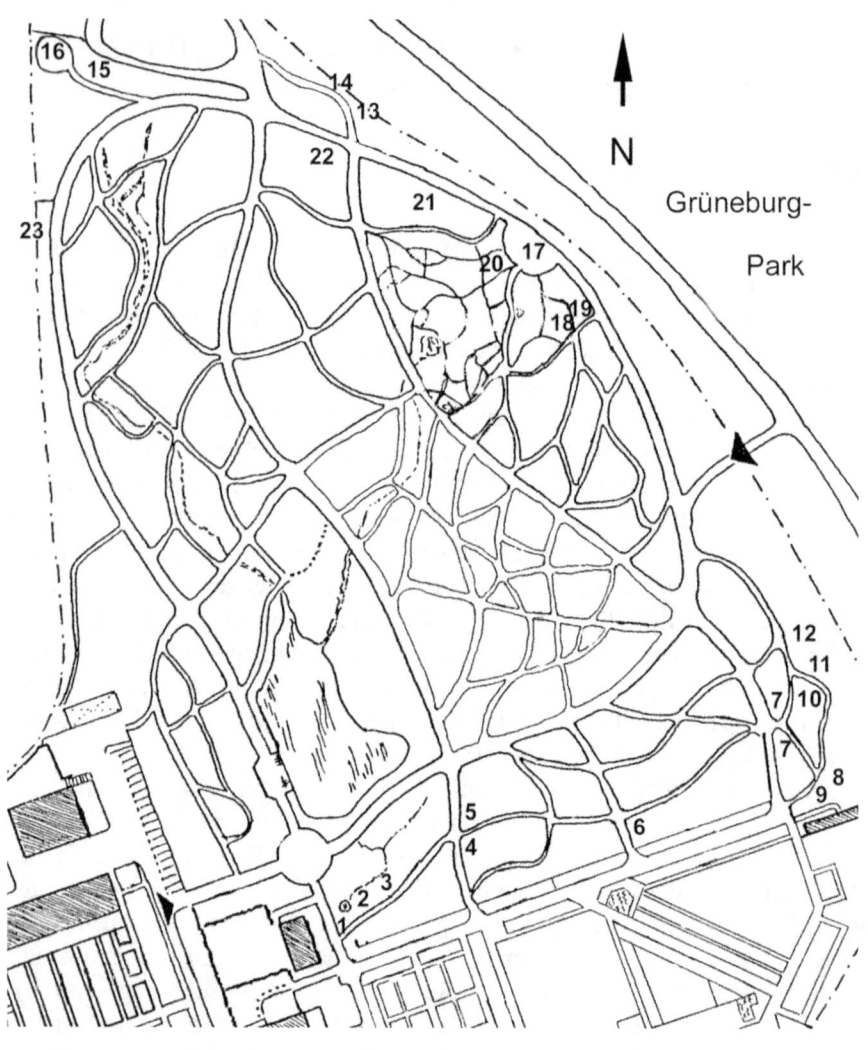

mergrüne Baum stammt aus Westchina und gilt als „lebendes Fossil". Die Gattung war schon von Fossilien aus der oberen Kreidezeit (vor über 60 Millionen Jahren) und dem Tertiär bekannt. 1943 entdeckte man in China kleine Bestände eines bis dahin unbekannten Nadelbaumes, der 1948 als *Metasequoia glyptostroboides* wissenschaftlich beschrieben wurde. Schon im selben Jahr gelangten Samen nach Europa, wo der Urweltmammutbaum zunächst in den Botanischen Gärten kultiviert wurde. Der auch als „Wasserlärche" bezeichnete Baum wächst sehr rasch (60-100 cm Zuwachs pro Jahr) und erträgt recht gut die Bedingungen in unseren Städten. Daher ist die Art heute häufig in Parks und anderen öffentlichen Grünflächen zu finden.

Wir gehen nun rechts am Urweltmammutbaum vorbei den kleinen Weg entlang. Links sehen wir eine stattliche Japan-Lärche (*Larix kaempferi*, 2). Sie ist in höheren, niederschlagsreichen Lagen in Japan beheimatet und wird in Europa gelegentlich forstlich genutzt. Gleich dahinter wächst ein ebenfalls zu den Nacktsamern gehörender Baum, der allerdings kein Nadelbaum ist: Der Ginkgo (*Ginkgo biloba*, 3) ist der letzte heute noch lebende Vertreter eines vor etwa 180 Millionen Jahren artenreich vertretenen Verwandtschaftskreises. Seine fächerförmigen Blätter haben bereits GOETHE fasziniert; weniger attraktiv sind dagegen die reifen Samen der weiblichen Bäume, deren fleischige äußere Hülle später sehr unangenehm nach Buttersäure riecht. Der Ginkgo verträgt unser Stadtklima sehr gut und wird daher häufig als Parkbaum gepflanzt.

Nicht weit davon, gleich hinter der kleinen Wegkreuzung rechts, wächst die Japanische Sicheltanne (*Cryptomeria japonica*, 4; Foto oben), die in Japan und Teilen Südchinas beheimatet ist. Dieser wichtige Waldbaum Japans besitzt sichelförmig gebogene Nadeln (Name!), gedeiht in unseren Breiten allerdings nicht sonderlich gut und findet sich daher seltener in Kultur. Er gehört in die Verwandtschaft der Zypressengewächse (Cupressaceae). Auf der linken Seite des Weges fällt die stattliche Nikko-Tanne (*Abies homolepis*, 5) auf. Attraktive Benadelung und gutes Gedeihen in unserem Stadtklima machen die Art zu einem beliebten Park- und Gartenbaum.

Wir folgen dem Weg ca. 50 m weiter. Nach der übernächsten Wegkreuzung wächst rechts am Weg eine Korea-Tanne (*Abies koreana*, 6). Der vergleichsweise kleinwüchsige Baum wird auch häufiger bei uns in den Gärten gezogen und bildet schon nach wenigen Jahren reichlich Zapfen aus. Sehr schön lässt sich dann ein Merkmal beobachten, anhand dessen Tannen (*Abies*) und Fichten (*Picea*) gut zu unterscheiden sind: Bei den Tannen stehen die Zapfen aufrecht, die Deck- und Samenschuppen lösen sich von der Zapfenspindel und diese bleibt als aufrechtes, dornartiges Gebilde noch länger am Zweig stehen. Die Fichten dagegen besitzen hängende Zapfen, die als Ganzes abfallen.

8.3 Nordamerika

Wir verlassen nun die ostasiatische Abteilung und gelangen, dem Weg über die Wegkreuzung folgend, in die Abteilung mit Pflanzen aus Nordamerika. Ebenso wie in Asien ist die Flora dieses Kontinentes wesentlich artenreicher als die europäische. Dies gilt in besonderem Maße für die Nadelhölzer. Nahe der Wegkreuzung wächst ein unscheinbares Exemplar des Methusalems unter den Bäumen: Die Grannen-Kiefer (*Pinus aristata*, 7) kann über 4 600 Jahre alt werden und gilt damit als die das höchste Alter erreichende Baumart weltweit. Auch an ihrem natürlichen Standort in den südwestlichen USA erreicht diese Kiefer nur eine Höhe von etwa 15 m. Die Gattung *Pinus* ist namengebend für die Familie der Pinaceae (Kieferngewächse). Diese umfasst unter anderem auch Fichten (*Picea*), Tannen (*Abies*), Lärchen (*Larix*), Zedern (*Cedrus*), Douglasien (*Pseudotsuga*) und Hemlocktannen (*Tsuga*). Es ist wirtschaftlich die mit Abstand bedeutendste Familie der Nadelgehölze.

Mit 70 m wesentlich höher wird die etwa 20 m weiter rechts wachsende Kalifornische Weihrauchzeder (*Calocedrus decurrens*, 8), die ebenfalls in den südwestlichen USA beheimatet ist. Im Gegensatz zur Grannen-Kiefer liefert die Art ein geschätztes Nutzholz, das einen intensiven Duft besitzt. Die Gattung gehört – wie auch unser einheimischer Wacholder (*Juniperus communis*) – zu den Zypressengewächsen (Cupressaceae). Aufgrund neuester Daten zur Ähnlichkeit der Erbsubstanzen (DNA-Sequenzanalyse) werden Zypressen- und Sumpfzypressengewächse (Taxodiaceae, siehe unten) heute auch in einer Familie zusammengefasst.

Rechts neben der Weihrauchzeder fällt ein weiterer dekorativer Nadelbaum ins Auge: die Siskiyou-Fichte (*Picea breweriana*, 9). Die Art ist forstlich ohne Bedeutung, ihre lang herabhängenden, dünnen Zweige verleihen den Pflanzen aber ein besonders attraktives Aussehen und sind der Grund für die Nutzung als Parkbaum.

Wir gehen wieder zurück und nehmen den Weg rechts, parallel zum Grüneburgpark. Dort finden wir links ein stattliches Exemplar der Zweizeiligen Sumpfzypresse (*Taxodium distichum*, 10), die in den südöstlichen USA beheimatet ist. Die Art ist bei uns in milden Lagen winterhart und wird gelegentlich als Parkbaum gepflanzt. Auffällig ist die Ausbildung von „Wurzelknien" an nassen Standorten: das sind bis 1,5 m über die Erdoberfläche tretende Auswüchse von Seitenwurzeln, die für den Gasaustausch in den Wurzeln wichtig sein sollen. Das dauerhafte Holz wird vielfach verwendet. Der bis 50 m hohe Baum besitzt Lang- und Kurztriebe; letztere fallen im Herbst mit den Nadeln ab. Rechts vom Weg wächst ein naher Verwandter, der immergrüne Redwood oder die Küsten-Sequoie (*Sequoia sempervirens*, 11) aus den südwestlichen USA. Es handelt sich nur um ein kleines Exemplar; der Baum erreicht in seiner Heimat bis 120 m Höhe. Die Art ist frostempfindlich und kann bei uns nur in besonders wintermilden Lagen kultiviert werden. Das wertvolle, rötliche Holz ist leicht und gut zu bearbeiten, aber dennoch sehr haltbar. Es wird z. B. im Bootsbau und zur Herstellung von Türen und Fenstern genutzt. Bemerkenswert ist die Regenerationskraft der Art durch Stockausschläge aus der Stammbasis. Die Gattung wurde zu Ehren von SEQUOYAH (1770-1843), dem Sohn eines deutschen Händlers und einer Cherokee-Indianerin, benannt, der ein Alphabet der Cherokee-Sprache entwickelt und bei diesen nordamerikanischen Indianern die Schrift eingeführt hat. Einige Meter weiter steht rechts am Weg ein stattliches Exemplar der Großen Küstentanne (*Abies grandis*, 12). Der sehr wüchsige Baum wird in seiner Heimat (nordwestliche USA) über 80 m hoch und ist auch in Mitteleuropa eine forstlich häufiger genutzte Art. Das weiche Holz dient in erster Linie zur Papierherstellung.

Um vier weitere bemerkenswerte amerikanische Nadelbäume zu sehen, muss man einen kleinen Umweg in Kauf nehmen: Man folgt dem Hauptweg parallel zum Grüneburgpark vorbei am Alpinum und biegt dann nach etwa 100 m rechts in einen kleinen Seitenweg. Dort findet man rechts die Douglasie (*Pseudotsuga menziesii*, 13) und die Kanadische Hemlock oder Schierlingstanne (*Tsuga canadensis*, 14). Die Douglasie stammt aus dem westlichen Nordamerika und erreicht dort Wuchshöhen von über 100 m! Die Art hat große wirtschaftliche Bedeutung und wird seit etwa 100 Jahren auch bei uns in Europa forstlich genutzt. Ebenfalls ein wichtiges Nutzholz liefert die im nordöstlichen Nordamerika beheimatete Schierlingstanne. Sie kann bis etwa 30 m Höhe erreichen und wird bei uns gerne in Parks gepflanzt. Charakteristisch sind die kurzen Nadeln und die nur etwa 2 cm großen weiblichen Zapfen.

Man geht weiter auf dem Hauptweg und gelangt bald auf einen rechts abzweigenden Weg, der zu drei Bäumen mit besonders langen, gescheitelt stehenden Nadeln führt. Es sind Colorado-Tannen (*Abies concolor*, 15), die im westlichen Nordamerika beheimatet sind. Die robuste, selten über 40 m hoch werdende Art hat sich bei uns als Parkbaum bewährt und erträgt das Stadtklima gut. Noch ein paar Meter weiter auf der linken Seite wachsen – kaum zu übersehen – ein größerer und zwei kleine Mammutbäume (*Sequoiadendron giganteum*, 16). Es sind Vertreter der massigsten Baumart der Erde, die zur Sumpfzypressen-Familie (Taxodiaceae) gehört. Am natürlichen Standort erreichen diese Pflanzen Höhen von etwa 100 m; Stammdurchmesser von bis zu 12 m sind belegt. Die schwammige, zimtbraune Borke kann bis zu 60 cm dick werden (Feuerschutz!). Mammutbäume wurden 1841 von JOHN BIDWELL als erstem Europäer entdeckt und etwa Mitte des 19. Jahrhunderts in Europa eingeführt. Die bei uns winterharte Art wird als Parkbaum gepflanzt.

8.4 Mitteleuropa

Zum Abschluss des Nadelholz-Rundgangs geht man auf dem Weg wieder zurück bis zum Alpinum. Von dem freien, erhöhten Platz östlich des Alpinums hat man einen schönen Blick über den Garten. Hier finden wir auch einige europäische Nadelgehölze, die im Gebirge an oder unterhalb der Baumgrenze eine bedeutende Rolle spielen. Zunächst sind zwei Vertreter der Europäischen Lärche (*Larix decidua*, 17) zu nennen, die direkt hinter den Sitzbänken stehen. Die Europäische Lärche kommt in den Alpen bis in Höhen von 2 400 m vor und besitzt ein hartes, dauerhaftes Holz, das als Bauholz und für Verkleidungen sehr geschätzt wird. Von den Sitzbänken aus gesehen links findet man einige Kiefern mit strauchigem Wuchs. Bestände dieser nur 2,5 m hoch werdenden Latsche oder Legföhre

(*Pinus mugo*, 18) bilden in den Alpen vielfach die Baumgrenze. Nah verwandt mit der Latsche, aber von typisch baumförmigem Wuchs, ist die Spirke (*Pinus uncinata*, manchmal nur als Unterart von *P. mugo* angesehen, 19). Der bis 26 m hohe Baum ist in den Alpen und Pyrenäen verbreitet.

Ein am natürlichen Standort besonders beeindruckender Baum ist die in den Zentralalpen, aber auch in den Karpaten, Transsilvanien und Sibirien verbreitete Zirbe oder Arve (*Pinus cembra*, 20), die 25 m hoch werden kann. Im Gegensatz zu unseren anderen einheimischen Kiefern stehen bei dieser Art jeweils 5 Nadeln an einem Kurztrieb zusammen. Das Zirbenholz wird in der Möbeltischlerei sehr geschätzt, die wohlschmeckenden, nahrhaften Samen (Zirbelnüsse) werden vor allem durch Tannenhäher verbreitet.

Zurück am Hauptweg entlang der Grenze zum Grüneburgpark sieht man links zunächst zwei Exemplare der Schwarzkiefer (*Pinus nigra*, 21). Die Art ist in Deutschland nicht heimisch (nächste Vorkommen: Ost-Österreich, Norditalien) und besitzt ein zweigeteiltes Verbreitungsgebiet in den Gebirgen Südeuropas. Ein riesiges Areal bedecken dagegen Bestände unserer einheimischen Waldkiefer (*Pinus sylvestris*, 22), einer der wichtigsten Nutzholz-Arten Eurasiens. Ihr Vorkommen erstreckt sich vom westlichen Europa bis nach Ost-Asien, in Nordeuropa bis zum 70. Breitengrad nördlich des Polarkreises.

Wir folgen dem Hauptweg weiter zurück zum Haupteingang des Gartens. Auf der rechten Seite wächst mit einigen strauchförmigen Exemplaren eine weitere einheimische Baumart, die Eibe (*Taxus baccata*, 23). Der wegen seines geschätzten Holzes und wohl auch Veränderungen in der Waldbewirtschaftung stark zurückgegangene Baum begegnet uns häufig angepflanzt in Parks und Gärten. Er nimmt innerhalb der Nadelhölzer aufgrund des Baus seiner Fortpflanzungsorgane eine Sonderstellung ein. Auffällig ist die rote, fleischige Hülle, die jeweils einen Samen umgibt und dessen Verbreitung durch Vögel dient. Es handelt sich um den einzigen ungiftigen Teil der sehr giftigen Pflanze (auch der Same ist giftig). In neuerer Zeit ist man auf Inhaltsstoffe der Eiben besonders aufmerksam geworden: Die Substanz Taxol findet Verwendung in der Krebstherapie.

Weitere interessante Nadelgehölze finden sich vor allem im Randbereich der ehemaligen systematischen Abteilung, nahe der Wasserbeckenanlage. Hierzu sind auch insgesamt 19 meist sehr seltene und schützenswerte überwiegend große und noch aus den Anfangsjahren des Botanischen Gartens stammende Nadel- (und auch Laub-)Bäume zu zählen, die am südöstlichen Rand des Gartens stehen, Dazu gehören Küstenmammutbaum (*Sequoia sempervirens*), Spanische Tanne (*Abies pinsapo*), Weiß-Fichte (*Picea glauca*) und Salzmann-Schwarz-Kiefer (*Pinus nigra* subsp. *salzmannii*). Während der echte Mammutbaum bei uns häufig in Parks zu finden ist, stellt der fast 30 m hohe Küstenmammutbaum wegen seiner Frostempfindlichkeit eine Besonderheit bei uns dar. Die Spanische Tanne besitzt nur ein ganz kleines natürliches Verbreitungsgebiet in Süd-Spanien, wird aber wegen der Attraktivität ihrer rundherum benadelten Zweige häufig kultiviert.

Die spezielle Problematik dieses Areals, welches im Vertrag zwischen der Stadt Frankfurt und dem Land Hessen über die Zukunft des Botanischen Gartens aus Sicht des Gartens leider dem Land zugeordnet wurde, wird auf der Webseite des Botanischen Gartens zusammen mit genauen Beschreibungen der verschiedenen Baumarten ausführlich dargestellt.

9. PILZE IM BOTANISCHEN GARTEN
(H. LOTZ-WINTER & M. PIEPENBRING)

Die meisten der über 4 000 Pflanzenarten im Botanischen Garten wurden vom Menschen einem didaktischen Konzept entsprechend angesiedelt. Ganz von selbst entwickelte sich dagegen über die Jahre zudem eine reiche Pilzvielfalt. Die Pilze kamen buchstäblich angeflogen, denn sie verbreiten sich meist über Sporen, die der Wind aus der Umgebung heranträgt oder die von Tieren mitgebracht werden. Sicherlich hatten auch etliche Pflanzen Pilzsporen „im Gepäck" – an anhaftenden Erdresten oder direkt auf ihrer Oberfläche. So haben manche exotische Pflanzen ihre ganz speziellen pilzlichen Parasiten, die nur auf und von ihnen leben können, mitgebracht. Ein Beispiel ist die Mahonie mit ihrem Rostpilz namens *Cumminsiella mirabilissima*. Dass die Pilzsporen im Botanischen Garten oft auskeimen, heranwachsen und gedeihen und sich vermehren können, liegt an der Lebensweise der Pilze. Sie beziehen ihre Nährstoffe vorwiegend von Pflanzen, so dass dort, wo es eine hohe Pflanzenvielfalt gibt, mit einer großen Zahl an Pilzarten zu rechnen ist. Dies trifft für einen Botanischen Garten ebenso zu wie für natürliche Standorte.

Bis jetzt konnten mehr als 320 unterschiedliche Pilzarten im Botanischen Garten nachgewiesen werden. Weitere Beobachtungen sowie Ergebnisse von Langzeituntersuchungen in anderen Arealen zeigen jedoch, dass noch eine erheblich größere Artenvielfalt zu erwarten ist.

9.1 Bunt und formenreich: Großpilzarten im Botanischen Garten

Der Garten beherbergt mindestens 125 Großpilzarten, davon über 100 Arten von Blätterpilzen, zehn Röhrlings- und sieben Bauchpilzarten. Darunter sind viele Pilzarten, die als gute Speisepilze gelten, aber auch gefährliche Giftpilze. Mit etwas Glück und zur rechten Zeit kann der Gartenbesucher große Gruppen des stattlichen Wurzelnden Bitterröhrlings (*Boletus radicans*), den seltenen Glattstieligen Hexenröhrling (*Boletus queletii*) mit seinem roten Stiel und den als Speisepilz begehrten Fichten-Steinpilz (*Boletus edulis*) antreffen. Auffallende Blätterpilze sind der handtellergroße Fransige Wulstling (*Amanita strobiliformis*) und der rote Fliegenpilz (*Amanita muscaria*). Alle im Garten vertretenen Röhrlings-, Wulstlings-, Täublings-, Milchlings-, Schleierlings-, Risspilz- und Fälblingsarten leben in Gemeinschaft mit den Waldbäumen des Botanischen Gartens, besonders in den Buchenwald-Bereichen, und können nur gemeinsam mit ihren Bäumen existieren. Beide Partner profitieren von dieser Lebensgemeinschaft, denn über ein dichtes Pilzfadengeflecht um die Feinwurzeln der Bäume herum (Mykorrhizen) erhalten die Pilze von den Bäumen Zucker, und die Bäume werden durch die Pilze mit Wasser und Salzen versorgt und vor Krankheitserregern geschützt.

Die Waldstandorte des Botanischen Gartens sind mit 122 Pilzarten die artenreichsten des Gartens, davon sind 42 Pilzarten Lebenspartner von Bäumen. Einer dieser Mykorrhiza-Bildner ist die Ziegenlippe (*Xerocomus subtomentosus*, Foto rechts), ein häufiger Vertreter der Filzröhrlinge. Die Ziegenlippe kann mit unterschiedlichen Baumarten zusammenleben und hält einen Rekord: kein anderer Pilz im Botanischen Garten wurde an so vielen Standorten gefunden.

Andere häufige Mykorrhiza-bildende Großpilze sind der Goldröhrling (*Suillus grevillei*) bei Lärchen, der mit den Röhrlingen verwandte Kartoffelbovist (*Scleroderma verrucosum*) und der Erdblättrige Risspilz (*Inocybe geophylla*), ein in großer Zahl auftretender Blätterpilz an Wegrändern.

Ein besonders auffallender Pilz ist der durch seinen üblen Geruch für Fliegen sehr attraktive Scharlachrote Gitterling (*Clathrus ruber*), der aus dem Mittelmeerraum stammt (Foto unten). Er wurde im Botanischen Garten bereits 1955 zum ersten Mal nachgewiesen und seither mehrfach im Bereich der „Nordamerikanischen Flora" beobachtet – übrigens auch im benachbarten Grüneburg-Park. Wie etwa 40 Prozent der Pilzarten im Botanischen Garten ist er ein „Saprobiont": Er durchdringt mit seinen Zellfäden die Laubstreu, zersetzt dort die Zellulose und ernährt sich davon. Zu diesen Saprobionten oder „Destruenten" gehören auch andere auffällige und häufige Großpilze im Garten wie der Wurzelnde Schleimrübling (*Xerula radicata*) und der giftige Karbolchampignon (*Agaricus xanthoderma*), der in manchen Jahren z. B. am Rande des „Kiefernwalds" in großen Mengen zu finden ist.

Der wohl auffallendste Destruent und zudem größte Pilz im Botanischen Garten ist der Riesenporling (*Meripilus giganteus*; Foto gegenüberliegende Seite rechts). Sein aus vielen einzelnen, fächerartigen Hüten bestehender Fruchtkörper kann einen Durchmesser von 80 Zentimetern erreichen und wächst am Stammgrund von Laubbäumen. Er baut neben Zellulose auch den chemisch sehr stabilen Holzbestandteil Lignin ab, eine Fähigkeit, die in der Natur nahezu ausschließlich den Pilzen vorbehalten ist. Viele andere holzabbauende Pilze sind nicht so auffällig oder verhältnismäßig klein, wie z. B. die schwarzen Holzkeulen (*Xylaria*-Arten) oder die Kohlenbeeren (*Hypoxylon*-Arten).

Ebenfalls saprobiontisch leben die außerirdisch anmutenden Erdsterne im Botanischen Garten (*Geastrum fimbriatum*, Foto links und *G. striatum*). Ihre kugelförmigen Sporenbehälter sind von einer blumenblätterartigen Hülle umgeben und bei Berührung fliegen ihre Sporen in braunen Wolken in die Luft. Wie der Gewimperte Stielbovist (*Tulostoma fimbriatum*) – eine der Raritäten des Gartens, der seinen Sporenbehälter auf einem Stiel trägt – kommen sie an trockenen Standorten vor, etwa in der Sanddüne.

9.2 Meist unauffällig und doch allgegenwärtig: Mikropilze

Im Botanischen Garten sind nur mit der Lupe sichtbare Mikropilze überall zu finden. Viele von ihnen, wie diverse Becherlinge aus der Gruppe der Schlauchpilze (Ascomyceten), sind Destruenten und leben von totem Pflanzenmaterial. Sie sind fleißige Helfer der Gärtner beim Abbau von toten Ästchen und Stängeln, abgefallenen Blättern und Blüten. Ein wichtiger Forschungsschwerpunkt des Arbeitskreises „Mykologie" sind die „Phytoparasiten", also Pilze, die ihre Nährstoffe von lebenden Pflanzen beziehen und diese mehr oder weniger schädigen. Studenten und Forscher suchen gezielt nach diesen Mikropilzen, die etwa 20% der für den Botanischen Garten registrierten Pilze ausmachen. Bedeutend sind vor allem die insgesamt 25 festgestellten Rostpilz- und Brandpilzarten. Meist kann man mit freiem Auge nur Flecken auf Blättern oder ein Verkümmern der Wirtspflanzen erkennen. Einige dieser Phytoparasiten bilden jedoch auffällige Sporenlager wie der Birnengitterrost (*Gymnosporangium sabinae*, Foto umseitig) auf dem Sadebaum (*Juniperus sabina*) im Eingangsbereich des Gartens. Mehrere Arten veranlassen ihre Wirtspflanze zu Gallbildungen wie die Kulturazaleen-Nacktbasidie (*Exobasidium japonicum*) oder der Maisbeulenbrand (*Ustilago maydis*) und fallen dem aufmerksamen Beobachter auch ohne Lupe auf. Unsere Gärtner sind über diese Phytoparasiten eher wenig erfreut, sie erfüllen jedoch eine wichtige biologische Funktion im ökologischen Gleichgewicht und nicht wenige von ihnen sind in ihrem Bestand bedroht. Zwei seltene Arten des Botanischen Gartens sind ein Rostpilz auf der Bibernell-Rose, *Phragmidium rosae-pimpinellifoliae*, und ein Brandpilz auf der Herbstzeitlose, *Urocystis colchici*.

Teleutosporenlager des Birnengitterrost (Gymnosporangium sabinae) auf Sadebaumzweigen. Dieser Rostpilz wechselt im Laufe seines Lebenszyklus seine Wirtspflanze und bildet im Sommer Sporenlager auf Birnenblättern.

9.3 Raritäten und gefährdete Arten im Botanischen Garten
Obwohl im Botanischen Garten viele nicht heimische Gewächse kultiviert werden, ist die Pilzflora ähnlich zusammengesetzt wie in der Umgebung. Im Garten gibt es 50 Pilzarten, die in der Roten Liste der Großpilze Deutschlands und/oder in der Roten Liste der Großpilze Hessens enthalten sind, also entweder in ihrem Bestand gefährdete oder sehr seltene Arten. Besonders bemerkenswert unter den Röhrlingen und Blätterpilzen sind der in der Natur zurückgehende Glattstielige Hexenröhrling (*Boletus queletii*), der Brätling (*Lactarius volemus*), ein immer seltener werdender Milchling,

und der Orangerote Ritterling (*Tricholoma aurantium*). Der Gewimperte Stielbovist (*Tulostoma fimbriatum*), die Schwarze Erdzunge (*Geoglossum umbratile*) und die Behaarte Erdzunge (*Trichoglossum hirsutum*) sind durch den Schwund ihrer Lebensräume, das sind nährstoffarme, trockene Standorte, bedroht. Bemerkenswerte, nicht einheimische Arten sind der sehr seltene Scharlachrote Gitterling (*Clathrus ruber*), der im Rhein-Main-Gebiet einen Verbreitungsschwerpunkt hat, sowie einige Mikropilze, die in Deutschland vermutlich zum ersten Mal nachgewiesen wurden (*Fusicladium phillyreae* auf *Phillyrea* spec., *Hypoderma ilicinum* auf Eichenblättern, *Planistromella acervata* auf *Yucca gloriosa*). So ist der Botanische Garten nicht nur für die Erhaltung seltener Pflanzenarten wichtig, sondern auch als Zufluchtsort für in der Natur gefährdete Pilzarten.

10. FLECHTEN IM BOTANISCHEN GARTEN
[E. BRUDE & P. SCHÖNEGGE]

Flechten sind eine Lebensgemeinschaft aus einem besonderen Pilz und einer oder mehreren Algen, wobei der Pilz das „Haus" baut und die Alge für die „Ernährung" sorgt. Die Flechtenpilze gehören fast alle zu den Schlauchpilzen, die Algen zu den Grün- und Blaualgen (Cyanobakterien). Nach der Art des Lagerwachstums werden Strauch-, Blatt- und Krustenflechten unterschieden und nach der Art des Substrates Flechten auf der Rinde von Bäumen und Sträuchern (epiphytische), auf Erde (epigäische), auf Steinen (epilithische) und auf anthropogenen Substraten wie z. B. Beton.

Gleich den Pilzen im vorigen Kapitel werden auch die Flechten im Botanischen Garten nicht angebaut und gärtnerisch betreut, sondern fliegen als Soredien (Vermehrungskörperchen mit Pilzhyphen und Algen) durch die Luft und siedeln sich auf dem für sie geeigneten Untergrund an. Oder die durch die Luft getragenen Sporen des Flechtenpilzes keimen aus, finden eine passende Alge und wachsen zur Flechte heran. Das bedeutet, dass die Variabilität der Flechtenflora auch durch die Vielgestaltigkeit der Umgebung mitbestimmt wird. Im Botanischen Garten hat sich deshalb auf Grund seiner vielfältigen Biotope und seines abwechslungsreich gegliederten Pflanzenbestandes eine reichhaltige Flechtenflora entwickeln können.

Da Flechten sich ausschließlich selbst ernähren (durch die Photosyntheseleistung der Algen) und keine wirksame „Haut" gegenüber der Umwelt entwickelt haben, bestimmen Standortfaktoren wie Licht, Luftfeuchtigkeit, Temperatur, ph-Wert und Struktur der Unterlage sowie die lufthygienische Situation, welche Flechten sich ansiedeln und überleben können.

Bei drei Begehungen in den Jahren 2009 und 2014 wurden unter der fachkundigen Leitung von MARION EICHLER, RAINER CEZANNE (Darmstadt) und CHRISTIAN PRINTZEN (Frankfurt) insgesamt 106 Arten gefunden, die alle oben erwähnten Bereiche des Gartens, nämlich Bäume, Steine, Erde und Betonplatten besiedeln.

Seit den 1970er Jahren dienen Flechten als Bioindikatoren für die Luftqualität. Betrachtet man unter diesem Aspekt unsere Funde im Garten, so sieht man neben Eutrophierungsanzeigern wie den Schwielenflechten (*Physcia tenella*, *P. adscendens*) und der Wand-Gelbflechte (*Xanthoria parietina*) – alle Stickstoffzeigerwert 7-9 – auch Arten, die nur eine geringe Stickstoffbelastung der Luft (Zeigerwert 2-4) vertragen: Pflaumenflechte (*Evernia prunastri*), Gabelflechte (*Pseudevernia furfuracea*) und Gewöhnliche Säulenflechte (*Cladonia coniocraea*).

Erfreulich ist, dass auch seltene Arten, wie Borrers Punktflechte (*Punctelia borreri*; 2009 und 2014) sowie die Raue Braunflechte (*Melanohalea exasperata*; 2014) gefunden wurden. Beide Arten galten in den 1990er Jahren als vom Aussterben bedroht.

Melanohalea exasperata (braun), dazwischen Physcia tenella

In den Rasenstücken des Systems und unter den Lärchen nördlich des Alpinums haben sich seit 2009 drei Schildflechten-Arten (*Peltigera polydactylon*, *P. didactyla* und *P. rufescens*) angesiedelt.

Die Betonplatten im System sind seit jeher mit großen Placken von *Lecanora muralis* (grünliche Flecken), *Circinaria contorta* (gräuliche Flecken) und *Xanthocarpia crenulatella* (rotbräunliche Flecken) bewachsen. Auch die Grobkiesel im Revier Nordamerika bergen immer wieder Überraschungen: 2014 wurde die winzige *Caruleum heppii* (Hepps Kleinsporflechte) gefunden.

Ein interessanter Fund waren Pilze, die auf Flechten parasitieren (Fotos). Sie stellen einen der wenigen ökologischen Gegenspieler dar, die das Populationswachstum von Flechten kontrollieren könnten. Die Zunahme des Flechtenbewuchses hat dann auch zur verstärkten Ansiedlung von solchen auf  Flechten parasitierenden Pilzen geführt. Während 2009 zwei Arten gefunden wurden, die auf Schwielenflechten parasitieren, waren es 2014 schon 10 Pilzarten.

Um die Besucher des Gartens mit den üblicherweise nicht auffälligen Flechten bekannt zu machen, haben wir einen „Baumflechten-Lehrpfad" eingerichtet. Hier werden an gut erreichbaren, üppig mit Flechten bewachsenen Bäumen und Sträuchern jeweils zwei bis drei gut erkennbare Flechtenarten auf Tafeln mit Text und Foto vorgestellt.

Xanthoria parietina (gelb) wird schwarz verfärbt durch Xanthoriicola physciae; oben: Physcia tenella mit roten Fruchtkörpern des parasitischen Pilzes Illosporiopsis christiansenii.

11. Tiere im Botanischen Garten
[R. Prinzinger & W. Wiltschko]

Der Botanische Garten und sein direktes Umfeld (Grüneburg-Park, Palmengarten) sind eine Oase für zahlreiche Tiere, die hier durch die reiche Strukturierung des Lebensraumes vielfältige und z. T. optimale Lebensbedingungen finden. Blätter, Knospen, Früchte, Samen und andere pflanzliche Teile bieten ein reichhaltiges Nahrungsangebot, der vielgestaltige Ort selbst Schutz und Nistmöglichkeiten in mannigfaltiger Form. So wundert es nicht, dass der Botanische Garten bei genauerem Hinsehen auch ein beeindruckender Zoologischer Garten ist, der zahlreiche Tierarten beherbergt.

11.1 Vögel

Besonders auffällig und relativ leicht zu beobachten ist die Vogelwelt. Bei einem Spaziergang Anfang Mai, wie er regelmäßig als Führung angeboten wird, kann man innerhalb von knapp 2 Stunden problemlos 25-30 Vogelarten beobachten. Um den Besuchern die Beobachtungen zu erleichtern, ist im Eingangsbereich eine Tafel aufgestellt worden, die einen Überblick über die meisten im Garten vorkommenden Vögel gibt. Neben einer Abbildung kann man dort Information über Häufigkeit, Neststandort, Nahrung und Zugverhalten der abgebildeten Arten entnehmen.

Insgesamt sind schon über 100 Arten im Garten nachgewiesen worden. Dazu zählen natürlich auch Gäste, die nur kurz- oder längerfristig beim Nahrungserwerb hier im Gebiet zu finden sind oder es nur überfliegen, wie z. B. Rauchschwalben (*Hirundo rustica*), Mehlschwalben (*Delichon urbica*) und Mauersegler (*Apus apus*). Der Graureiher (*Ardea cinerea*; Foto) ist ein sehr regelmäßiger Gast; in manchen Jahren konnten bis zu 5 Exemplare gleichzeitig beobachtet werden. Der im nahen Fernmeldeturm brütende Wanderfalke (*Falco peregrinus*) ist häufig bei der Jagd im

Garten zu sehen. In den letzten Jahren taucht immer wieder ein sehr attraktiver Gast am eutrophen Teich auf: der Eisvogel (*Alcedo atthis*). Um diesen prächtigen Vogel wirklich heimisch zu machen, wurde 2012 ein Kasten mit künstlichen Niströhren aufgestellt. Darüber hinaus hat man den Fischbestand im eutrophen Teich geändert. Die Karpfen wurden abgeschafft; stattdessen wurde eine Population von Kleinfischen, vor allem Moderlieschen (*Leucaspius delineatus*), angesiedelt.

Neben den ganzjährig anwesenden Vögeln nutzen auch Zugvögel den Garten periodisch. Hier sollen Neuntöter (*Lanius collurio*), Gebirgsstelze (*Motacilla cinerea*), Braunkehlchen (*Saxicola rubetra*), Wasserpieper (*Anthus spinoletta*), Waldschnepfe (*Scolopax rusticola*) und Flussregenpfeifer (*Charadrius dubius*) erwähnt werden, aber auch Zwergtaucher (*Tachybaptus ruficollis*), Haubentaucher (*Podiceps cristatus*), Gänsesäger (*Mergus merganser*), Weißstorch (*Ciconia ciconia*) sowie Rot- und Schwarzmilan (*Milvus milvus, M. migrans*) und Wespenbussard (*Pernis apivorus*). Selbst so exklusive Arten wie Seeadler (*Haliaeetus albicilla*) oder Schwarzstorch (*Ciconia niger*) wurden schon beobachtet. Vor allem im Oktober können an Tagen mit geeignetem Nordost-Wind große Mengen von ziehenden Kranichen beobachtet werden, die auf ihrem Weg von den Sammelgebieten in Mecklenburg-Vorpommern und Brandenburg das Rhein-Main-Gebiet in Richtung Burgundische Pforte auf ihrem Weg nach Südfrankreich, Spanien und Marokko überfliegen.

Daneben gibt es gelegentlich eine Reihe von Exoten, die Vogelhaltern entflogen sind oder ausgesetzt wurden, wie verschiedene Enten- und Gänsearten. Dazu gehört auch der Neubürger Nilgans (*Alopochen aegypticus*). Auch Webervögel und Vertreter der Papageien sind schon beobachtet worden.

Der Botanische Garten wird von rund 100 Vogelpaaren als Nist- und Brutstätte genutzt. Zu den regelmäßigen Brutvögeln zählen neben den üblichen Parkvögeln wie Meisen und Amseln usw. u.a. auch Arten wie Blässhuhn (*Fulica atra*), Waldkauz (*Strix aluco*), Buntspecht (*Dendrocopus majo*), Heckenbraunelle (*Prunella modularis*), Trauerschnäpper (*Ficedula hypoleuca*) und Sperber (*Accipiter nisus*). 2012 hat ein Mäusebussard im Kiefernwald erfolgreich seine Jungen aufgezogen.

11.2 Reptilien

Nur sehr wenige Reptilienarten bevölkern den Garten. Es gibt eine kleine Population von einheimischen Zauneidechsen (*Lacerta agilis*). Daneben finden sich oftmals so genannte „Schmuckschildkröten", wohl alles Rotwangenschildkröten (*Pseudemys scripta elegans*) aus Nordamerika, die in Zoogeschäften als „Zwergschildkröten" verkauft werden und – wenn sie dann doch zu groß werden – im Botanischen Garten ausgesetzt werden. Diese Schildkröten sind Fleischfresser, die im eutrophen Teich Frösche, Kröten, Molche, Kleinfische etc. dezimieren und deshalb nicht besonders gern gesehen sind. Sie werden regelmäßig gefangen und an Liebhaber abgegeben.

11.3 Amphibien

Unter den Amphibien sind vor allem die Wasser- und Grasfrösche (*Rana esculenta, R. temporaria*) zu nennen. Besonders erstere erfreuen mit ihrem kraftvollen Balz- und Revierrufen viele Besucher am Teich. Laubfrösche (*Hyla arborea*) hatten früher in mehreren größeren Wasserbecken eine kleine Population halten können; in den letzten Jahren wurden sie aber nicht mehr beobachtet. Erdkröten (*Bufo bufo*) halten dagegen noch eine kleine, aber relativ stabile Population, und ihre Kaulquappen sind ab Anfang März im eutrophen Teich zu sehen. An feuchten, warmen Frühsommertagen kommt es zum massenhaften Landgang der Jungkröten, und die Wege sind manchmal übersät von ihnen. Seit dem Winter 2012/2013 ist der Bergbach, der vom Alpinum zu den Feuchtwiesen fließt, zu einem Basaltbergbach umgestaltet worden. Es speist jetzt oberhalb der Feuchtwiesen einen Flachwassertümpel, der ein ideales Bruthabitat für Gelbbauchunken (*Bombina variegata*) darstellt.

Eine beachtliche Anzahl Bergmolche (*Triturus alpestris*) lebt an den Bachläufen und Wasserbecken. Oft halten sie sich auch in den Gullys und Kanälen auf.

11.4 Säugetiere

Das Eichhörnchen (*Sciurus vulgaris*) ist eine vertraute Erscheinung im Garten. Daneben kommen zahlreiche Kleinsäuger wie Haus- und Waldmaus, Wühlmaus, Wanderratte, Maulwurf und verschiedene Spitzmäuse sowie verschiedene Fledermausarten wie z. B. Abendsegler (*Nyctalus noctula*) und Zwergfledermaus (*Pipistrellus pipistrellus*) vor. Über ihre Bestandsgröße und Vorkommen ist insgesamt sehr wenig bekannt. Das Kaninchen (*Oryctolagus cuniculus*) war einst häufig und eine Plage, ebenso wie ausgesetzte Hauskaninchen. Der Fuchs (*Vulpes vulpes*) hat vermutlich seit 1999 festes Quartier im Garten bezogen. Im Jahr 2000 hat er unter dem Taubenschlag auf dem ehemaligen Zoologie-Gelände seine Jungen aufgezogen. Zu den im Garten vorkommenden Säugern zählt natürlich auch der Igel (*Erinaceus europaeus*) und vermutlich der Steinmarder (*Martes foina*).

11.5 Fische
Im großen Teich leben jetzt verschiedene Kleinfische, vor allem die schwarmbildenden Moderlieschen (*Leucaspius delineatus*). In den kleineren Wasserbecken findet man besonders zu Beginn der Ferienzeit Goldfische und manchmal auch Guppys, die ausgesetzt wurden.

11.6 Insekten
Eine neue Attraktion für Besucher ist am Hauptweg kurz vor dem Bienenhaus eingerichtet: das „Insektenhotel". Dort kann man zahlreiche Insektenarten aus der Gruppe der Hautflügler (Hymenopteren) beobachten, die in Schilfhalmen, Holzlöchern und Mauerritzen ihre Eier ablegen. Besonders Mauerbienen der Gattung *Osmia*, verschiedene Grabwespen (Specidae) sowie deren Parasiten sind hier bei sonnigem Wetter häufig gut zu beobachten. Eindrucksvoll sind im Frühjahr und Frühsommer die Mauerbienen, die den Blütenpollen in einer „Bauchbürste" unten am Hinterleib heranbringen und ihn dann in den Röhren und Ritzen ablagern. Auf dem Pollenvorrat wird dann ein Ei abgelegt, aus dem dann eine Larve schlüpft, die sich später verpuppt. Aus der Puppe schlüpft eine neue Biene, die dann im nächsten Jahr ausfliegt. Parasitische Bienen der Gattung *Nomada* versuchen, wie Kuckucke, ihre Eier an die fertigen Pollenvorräte zu schmuggeln.

Daneben und noch später im Sommer kann man zahlreiche, oft winzige Grabwespenarten beobachten, die ebenfalls in den Höhlungen der Stängel und Mauern ihre Nester einrichten. Diese oft schwarz, schwarzgelb oder schwarz-rot gefärbten Tierchen tragen für ihre Jungen keinen Pollen ein, sondern kleine Insekten und deren Larven.

Die Hautflügler können den Gartenbesuchern über die ganze Vegetationsperiode hinweg viel Freude machen. Wohl bedingt durch die große Diversität der angebotenen Futterpflanzen ist die Wildbienenfauna ausgesprochen reichhaltig. Schon mit den ersten Blüten des Frühlingswaldes kommen die großen Hummelköniginnen (*Bombus*) aus ihren Winterverstecken, um Pollen zu sammeln für die Gründung ihres einjährigen Staates. An Buschwindröschen, Lerchensporn, Scharbockskraut etc. sieht man überall solitäre Bienen bei der Futter- oder Weibchensuche, so die fuchsrote *Andrena fulva*, die am Thorax rote und am Abdomen schwarze *Osmia* oder die wie eine kleine Hummel wirkende, sehr schnell fliegende

Anthophora. Im Frühsommer finden sich dann an den Blüten zahlreiche weitere solitäre Bienen, wie verschiedene Langhornbienen (*Eucera*), bei denen die Männchen durch körperlange Fühler auffallen. Man kann immer wieder seltenere Arten beobachten, wie die gelb-schwarze Woll- oder Harzbienen *Anthidium*, die Blattschneiderbiene *Megachile*, die Blüten- oder Blattteile zu ihrem Nest trägt, um die Neströhre damit zu tapezieren, und die Schenkelbiene *Macropis*, die an *Lysimachia*-Blüten Öltröpfchen und Pollen sammelt, die sie als Brutproviant in ihr Nest einträgt. Eine Besonderheit unseres Gartens ist die große, schwarz-violette Holzbiene *Xylocopa*, eine Art mit ausgesprochen mediterraner Verbreitung.

Etwas später im Jahr als die Hummeln gründen die Wespenarten ihre Staaten in der Erde, in Baumhöhlen oder auch frei an geschützten Orten. Diese Nester bestehen aus selbst gemachtem Papier, das sie aus zernagtem Holz herstellen. In Jahr 2012 siedelten die selten gewordenen Hornissen in einem Nistkasten. Die zahlreichen, überall anzutreffenden Ameisenarten bilden mehrjährige, dauerhafte Staaten.

Aus der Fülle der anderen Insekten sei nur auf einige Gruppen hingewiesen. Überraschend reichhaltig ist die Libellenfauna. An vielen „Kleinwasserteichen" wie im Seerosenbecken und im Teich im Alpinum finden sich im Frühsommer zahlreiche Kleinlibellen wie die rote *Pyrrhosoma* sowie *Coenagrion* und *Enallagma*, bei denen die Männchen hellblau und die Weißchen grün-braun sind. Man kann sie sehr gut aus nächster Nähe bei ihren Paarungsspielen, dem Kopulationsrad, und der vom Männchen bewachten Eiablage an Pflanzenteilen beobachten. An größeren Wasserflächen findet man dann von Kleinlibellen die metallisch grüne *Lestes*-Arten und von den Großlibellen die schnell fliegenden metallisch glänzenden Corduliden, sowie *Libellula*- und *Orthetrum*-Arten, bei denen die Männchen häufig einen blau bereifte Hinterleib haben. Später im Sommer bis weit in den Herbst hinein gesellen sich die großen *Aeshna*-Arten hinzu, an denen gut zu beobachten ist, wie einzelne Männchen Reviere am eutrophen Teich oder über kleineren Wasserflächen gegen Artgenossen verteidigen und dort auf Weibchen warten. Auch die Heidelibellen der Gattung *Sympetrum* sind dann recht häufig zu finden, die sich gern auf den Kieswegen sonnen; hier sind besonders die Männchen mit ihrem roten Hinterleib recht auffällig.

Insgesamt lassen sich vor einem geduldigen und aufmerksamen Besucher viele schöne Naturerlebnisse aus nächster Nähe beobachten, wie zum Beispiel die Schlupfvorgänge der Libellen, bei denen die Larven auf Pflanzenstängeln das Wasser verlassen, aus ihrer Larvenhülle kriechen und – sich an dieser oder unmittelbar daneben an der Pflanze festhaltend –

langsam ihre Flügel entfalten.

Natürlich sind auch weitere Insektenordnungen wie Käfer, Fliegen, Schmetterlinge u. a. mit zahlreichen Arten im Garten vertreten. Speziell erwähnen möchten wir das vielfältige Artenangebot an Schwebfliegen, die an Sommertagen über den Blumenwiesen ihre erstaunlichen Flugkünste zeigen und von denen viele Arten, wohl zum Schutz gegen das Gefressenwerden, in ihrem Aussehen den verschiedenen Bienen und Wespen sehr ähnlich sind.

*Schwalbenschwanz
(Papilio machaon)*

Die Larven des Nashornkäfers (*Oryctes nasicornis*) verbringen mehrere Jahre in den Kompost- und Laubhaufen, bis sie sich verpuppen und schließlich als Käfer die Haufen verlassen.

An Wanzen lassen sich besonders leicht in den Gießwasserbecken die dreikantigen Rückenschwimmer *Notonecta* mit ihren langen Ruderbeinen beobachten, sowie die langbeinigen Wasserläufer *Gerris*, die über die Wasseroberfläche flitzen. Unter Linden findet sich die auffällige Feuerwanzen *Pyrrhocoris apterus,* deren Flügel verkürzt sind. Die hier abgebil-

deten rot-schwarzen Streifenwanzen (*Graphosoma lineatum;* auch „Eintracht Frankfurt-Wanze" genannt) und ihre Larven sind regelmäßig im Garten anzutreffen, an häufigsten in Bereich der Binnendünen.

Von den Laubheuschrecken seien besonders das Grüne Heupferd *Tettigonia viridissima* und die Eichenschrecke *Meconema* erwähnt. Auf den Sandflächen der Binnendünen lassen sich besonders an warmen Tagen in Sommer und Frühherbst unter anderen Feldheuschrecken die Blauflügliche Ödlandschrecken (*Oedipoda caerulescens*) ihre Balz- und Reviergesänge hören. Man kann dabei mit etwas Glück aus nächster Nähe beobachten, wie sich die Tiere auf ihre Partner oder Gegner zu bewegen und dabei unter heftigen Reiben der Hinterbeine an den Flügeln ihre schnarrenden Laute hervorbringen.

11.7 Honigbienen [CHR. WINTER]

Der aufmerksame Gartenbesucher wird schon im zeitigen Frühjahr neben den Hummeln und einigen solitären Bienen vor allem Honigbienen beobachten, die zwischen den Blüten von Winterlingen, Krokussen und Tulpen eifrig hin und her fliegen und nach Pollen und Nektar suchen. Sie kommen aus den Bienenstöcken, die in dem kleinen Bienenhaus am Ende des Mittelweges aufgestellt sind.

Im Gegensatz zu den überaus artenreichen solitären Bienen ist die staatenbildende Honigbiene mit der Gattung *Apis* weltweit nur mit einem knappen Dutzend verschiedener Arten vertreten. In Europa kommt nur eine einzige Art vor. Es ist die westliche Honigbiene mit dem wissenschaftlichen Namen *Apis mellifera.* Sie kommt in verschiedenen Unterarten oder Rassen vor. Da sich die Kärntner Biene *(Apis mellifera carnica)* als besonders zahm oder sanftmütig erwiesen hat, aber dennoch sehr fleißig und ertragreich ist, wird diese von den deutschen Imkern bevorzugt gehalten und vermehrt. Auch die Bienen, die im Botanischen Garten leben, gehören zu dieser Unterart. Bei der Vermehrung und Weiterzucht achten wir auch weiterhin auf ruhige aggressionsarme Nachkommen, so dass die Gartenbesucher die Bienen"ecke" gelassen und unbesorgt passieren können. Dies ist eine wichtige Voraussetzung für eine gefahrlose Begegnung zwischen Bienen und Besuchern.

Honigbienen gehören in einen Botanischen Garten. Mit ihren großen Kolonien (50 000 Individuen leben im Sommer in einem Stock zusammen) sind sie unter den Hautflüglern die wichtigste und effektivste Gruppe der Blütenbesucher. Dabei fliegen sie nicht kreuz und quer zwischen verschiedenen Blüten hin und her; sie sind vielmehr blüten-stet, d. h. sie fliegen nur Blüten der gleichen Sorte an und tragen dadurch zur optimalen Bestäubung bei. Denkt man über den Botanischen Garten hinaus, so hat dieses Verhalten für die ausgedehnten Obstplantagen in der Landwirtschaft eine enorme wirtschaftliche Bedeutung. Durch einen gezielten Pollenaustausch kann der Ertrag in Menge und Qualität um ein Vielfaches gesteigert werden. Nehmen die Anbauflächen quadratkilometergroße Flächen wie im Mandel- und Heidelbeeranbau in den USA ein, begleitet von einer gigantischen Bestäubungsindustrie, so kommen die Bienen allerdings in eine Stresssituation, an die sie nicht angepasst sind. Die „Natur" des Bienenwesens bleibt in einer solchen ökologischen Wüste auf der Strecke. Sie werden krank.

Doch denken vermutlich die allermeisten Besucher beim Beobachten der umherfliegenden Bienen weniger an die Bestäubung als an den Honig. Wie kommt es eigentlich dazu, dass die staatenbildenden Bienen Honigvorräte anlegen?

Im Gegensatz zu Hummeln, Wespen und Hornissen sind sie die einzigen Hautflügler (abgesehen von den Ameisen), die in ihrer Kolonie überwintern. Mit fallenden Temperaturen stellt die Königin die Bruttätigkeit ein, die Arbeiterinnen ziehen sich zu einer „Wintertraube" zusammen, in der eine Kerntemperatur von ca. 24 °C aufrechterhalten wird, auch wenn das Thermometer auf weniger als -10 °C fällt. Dies ist nur möglich, wenn die Arbeiterinnen unter Verbrauch von Zucker (Glukose und Saccharose) Wärme erzeugen. Es geschieht durch rasche Kontraktionen der Flugmuskeln im Brustabschnitt ihres Körpers. Die Flügel sind „ausgekuppelt", der Flugmotor läuft im Leerlauf und produziert Wärme. Dabei ist diese Wärmemaschine so effektiv, dass die Körpertemperatur der einzelnen „Heizer-Biene" 43 °C erreichen kann. Aber auch während des restlichen Jahres muss geheizt werden, um das Brutnest auf 35 °C zu halten. Honig ist für das Bienenvolk nicht nur die übliche Nahrung, sondern existentielle Energiereserve, „Brennstoff".

Sind die Honigwaben gefüllt, die Zellen mit Wachsdeckeln verschlossen, werden sie geschleudert. Wer in dieser Zeit am Schleuderraum im Bienenhaus vorbeigeht, hört die Schleuder surren, und wer ein Glas goldgelben Honigs in der Hand hält, hat vermutlich keine Vorstellung von dem Aufwand, der nötig ist, um die winzigen wässrigen Nektartröpfchen in haltbaren, zuckersüßen Honig zu verwandeln.

Das Nektarsammeln übernehmen nur die Trachtbienen, die am Ende einer 20tägigen Innendienstzeit hinausfliegen, um nach Nektar und Pollen zu suchen. Mit dem ersten Sonnenlicht sind sie draußen, fliegen in 2-8 m Höhe mit einer Geschwindigkeit von etwa 20 km/h über die Landschaft auf der Suche nach Trachtquellen, über blühende Wiesen, Felder, Acker- und Wegränder, Hecken und Bäume. Sie sind auch im Botanischen Garten bis zum Sonnenuntergang unterwegs. Davon zeugt ein feines Summen, das bei einer Tonhöhe von 235 Hz liegt. Bei gutem Wetter schaffen die Sammlerinnen zwischen 20 und 40 Ausflüge pro Tag, je nach Entfernung der Trachtquelle, und überschreiten dabei selten einen Aktionsradius von 2-3 km. Lage, Entfernung und Qualität der Trachtquelle werden mit Hilfe einer vielfach beschriebenen sog. Tanzsprache (Rund- und Schwänzeltanz) an die Stockgenossinnen weitergegeben, die dann alle wie auf einer unsichtbaren „Flugstraße" die Trachtquelle ansteuern, wie z. B. die große Linde am unteren Ende des Mittelweges, wenn sie blüht und einen schweren süßen Honigduft verströmt.

Die einzelne Sammelbiene kann 0,05 bis 0,07 g Nektar tragen, das ist etwa die Hälfte ihres Körpergewichtes. Dabei verbraucht sie bei mittlerer Flugleistung ein Fünftel der transportierten Energiemenge. Da der transportierte Nektar zum größten Teil aus Wasser (75-80 %) besteht, werden 3-4 kg Nektar benötigt, um 1 kg Honig herzustellen. Die dazu nötige Verdunstungsleistung erbringen die Stockbienen während des Innendienstes durch Umtragen des Nektars und Herausfecheln der feuchten Luft. Der Aufwand ist gewaltig. Nach weniger als 5 bis 6 Wochen ist die Trachtbiene erschöpft und verbraucht. Das kurze „Immen"leben ist zu Ende.

Zu keiner anderen Zeit fand das Wohl und Wehe des Bienenlebens ein solches öffentliches Interesse wie gerade in den letzten Jahren. Die Menschen erfahren über die Medien, dass unsere Honigbienen nicht nur in ihrer Gesundheit, sondern in ihrer Existenz überhaupt gefährdet sind. Jeder fragt nach den Ursachen. Diese sind vielfältig. Rationalisierung in der Landwirtschaft mit weit ausgreifenden Monokulturen ohne die Blütenvielfalt einer mehrteiligen bäuerlichen Betriebsweise, und dies nicht nur in den USA, zwingen die Bienen zu einer „Kost" für die sie nicht geschaffen sind. Das ist nicht die Umwelt, die sie in 30 Millionen Jahres geformt hat. Um gesund zu bleiben, brauchen sie Blütenvielfalt mit unterschiedlichen Sorten von Pollen und Nektar. Gerade diese Bedingungen sind in den verschiedenen Kleinbiotopen des Botanischen Gartens in idealer Weise gegeben. Und dennoch sind sie auch hier den Krankheiten und Parasiten ebenso wenig gewachsen wie ihre Gefährtinnen draußen in den Fluren der Umgebung.

Die aggressiv auftretende ostasiatische Milbe (*Varroa destructor*), die heute weltweit verbreitet ist, macht ihr genauso zu schaffen wie andernorts auch. Diese parasitische Milbe kann nur durch massiven Einsatz von organischen Säuren (Ameisen-, Milch- und Oxalsäure) oder durch milbenspezifische chemische Bekämpfungsmittel (Acarizde) zurückgedrängt werden. Eine endgültige Ausrottung des Schädlings erscheint nicht möglich. Welche Bekämpfung auch gewählt wird, sie stellt immer einen massiven Eingriff in das Leben des Bienenstaates dar und in die Gesundheit des Einzelwesens ein: die Königin stellt die Eiablage ein, viele Arbeiterinnen ziehen aus, hängen in einer Traube am Flugbrett, mit den Milben fallen auch viele tote Bienen auf den Kastenboden.

Um aus dieser bedrohlichen Situation herauszukommen, ist es notwendig, die Lebensbedingungen der Bienen grundlegend zu ändern. Der erste Schritt wäre dazu beizutragen, dass die Umwelt wieder „bienengemäß" wird. Die Landschaften müssen wieder vielfältig blühen, Hecken und Gehölze enthalten. Ohne die Einbeziehung der Landwirtschaft wird das nicht gelingen. Hinzukommen muss aber auch eine wesensgemäße Bienenhaltung, die nicht nur auf maximalen Honigertrag angelegt ist. Nur so wird die Honigbiene nicht nur ein wertvolles Element unserer Insektenwelt bleiben, sondern eine jahrtausendealte geliebte Begleiterin der menschlichen Kultur.

Der kurze Bienenbericht möge ausklingen mit dem *Lorscher Bienensegen* (zitiert aus: R. DUTLI, Das Lied vom Honig). Auch im ausgehenden Mittelalter war ein wegfliegender Schwarm ein Verlust. In den vier Verszeilen kommt die Hoffnung eines Mönchs zum Ausdruck, der einen Bienenschwarm zum Bleiben und zur Rückkehr magisch beschwört. Dort heißt es im althochdeutschen Text in den letzten vier Zeilen:

Noh du mir nindrinnes Weder sollst du mir entwischen
Noh du mir nintuuinnest noch entschwinden in die Büsche
Sizi vilu stillo sitze ganz stille
Vuirki godes vuillon und wirke Gottes Wille

11.8 Weichtiere

Auch von dieser Tiergruppe gibt es zahlreiche Vertreter im Botanischen Garten. Besonders auffällig sind an feuchten Tagen natürlich die großen Arten: die Weinbergschnecken (*Helix pomatia*; Foto) und die gelbschwarz gebänderten Schnirkelschnecken (*Cepea hortensis, C. nemoralis*) fallen sofort auf. Daneben gibt es viele Dutzend kleiner Nackt- und Gehäuseschnecken-Arten, die mehr oder

weniger unauffällig unter Laub, Rinde oder im Boden etc. leben. Sie sind oft nur von Spezialisten zu unterscheiden.

12. LEHREN UND LERNEN IM BOTANISCHEN GARTEN
250 Jahre Natur- und Umweltbildung
[CHR. BECELA-DELLER]

Vor 250 Jahren gründete der damalige Frankfurter Stadtarzt JOHANN CHRISTIAN SENCKENBERG eine Stiftung, die der Sicherstellung der medizinischen Wissenschaft und Ausbildung in seiner Heimatstadt Frankfurt dienen sollte. Wesentlicher Bestandteil dieser Stiftung waren die Anlage eines Medizinischen Gartens sowie die Anstellung und Vergütung eines verantwortlichen Gärtners. Der ursprüngliche Garten ist uns zwar nicht erhalten, das Stiftungsziel ist jedoch bis zum heutigen Tage das gleiche geblieben und nahezu durchgängig umgesetzt worden: Ausbildung und Unterricht.

Zunächst lag der Schwerpunkt in der Unterrichtung von Medizinstudenten und der Fortbildung von Ärzten, die eine fundierte botanische Ausbildung erhielten. Während der jeweilige Stiftsarzt für die botanischen Vorlesungen verantwortlich war, hielt der „Stiftsbotanicus" den praktischen Unterricht und Exkusionen, auch in die Umgebung Frankfurts, ab. Der Botanische Garten sollte vor allem die offizinellen Pflanzen zeigen, d. h. Pflanzen, die zu Heilzwecken verwendet wurden. Erweitert wurde diese Sammlung durch Pflanzen- und Samentausch mit anderen Botanischen Gärten. Senckenbergs Grundsatz folgend sollten es jedoch keine „Exotici", sondern vor allem einheimische Pflanzen oder solche Gewächse sein, die Frankfurter Klima und Standort vertrugen. Auswahlkriterium sollten Zweck und Verwendungsmöglichkeit der Pflanze, nicht ihre Schauqualitäten, wie z. B. bei Tulpen und Hyazinthen, sein.

Durch die Gründung der Senckenbergischen Naturforschenden Gesellschaft im Jahre 1817 wurden die botanische Wissenschaft und Lehre in Frankfurt weiter ausgebaut und mit der Gründung der Universität 1914 auf eine neue Basis gestellt. Der Botanische Garten und andere Einrichtungen der Senckenbergischen Stiftung gingen in erster Verantwortung an die Universität über, wobei gewisse Rechte bei der Stiftung verblieben. Seitdem wurde die Botanik in Frankfurt sowohl durch die Universität als auch durch die Senckenbergische Naturforschende Gesellschaft repräsentiert. Mit der Gründung des naturwissenschaftlichen Campus am Riedberg und dem Umzug des Botanischen Institutes von der Siesmayerstraße dorthin hat die Goethe-Universität die Trägerschaft für den Botanischen Garten aufgegeben. Entgegen Senckenbergs Befürchtungen ist nun die Stadt Frankfurt zum Rettungsanker des Gartens geworden, indem sie ihn 2012 übernommen und mit dem Palmengarten zusammengeführt hat. Konzeption und Auftrag des Gartens bleiben weiterhin bestehen:

In der Lehre und Forschung der Goethe-Universität und der Senckenberg-Institute wird der Garten weiterhin genutzt, vornehmlich durch die Biowissenschaften und die Pharmazie. Anderen Forschungs- und Lehrinstituten steht der Garten ebenfalls zur Verfügung und wird von PTA- und Berufsschulen, z. B. der in direkter Nachbarschaft angesiedelten Philipp-Holzmann-Schule, besucht.

Darüber hinaus gibt es spezielle Bildungsangebote für die Öffentlichkeit, die an die Tradition der Führungen unter Regie des Freundeskreises anknüpfen und nun sowohl vom Freundeskreis des Botanischen Gartens als auch von der Grünen Schule des Palmengartens organisiert werden.

Schon seit 1980 bietet die pädagogische Abteilung des Palmengartens, die Grüne Schule, eine Vielzahl von alters- bzw. themenspezifischen Führungen und Praktika an. Ziel ist es, „die Wunder der Pflanzenwelt mit allen Sinnen erfahrbar zu machen" – für ein Vorschulkind genauso wie für einen Schüler der Sekundarstufe II, einen Berufsschüler, einen Menschen mit Behinderung oder einen englischsprachigen Gast. Jeder Interessierte kann eine entsprechende Veranstaltung buchen, ob als Privatperson oder als Gruppe. Hier kann man exotische Früchte, tropische Nutzpflanzen und Fleisch fressende Pflanzen kennen lernen, das Geheimnis der Frühblüher entdecken, die jeweils aktuelle Ausstellung erleben oder in der Kakao-Werkstatt arbeiten, um nur eine Auswahl der Angebote zu nennen.

Mit der Angliederung des Botanischen Gartens an den Palmengarten hat die Grüne Schule ihr Angebot erweitert und bietet Führungen an, die auf die Besonderheiten des Botanischen Gartens zugeschnitten sind. In einer allgemeinen Führung lernt der Besucher die Gesamtkonzeption des Gartens kennen und erhält einen Überblick über die pflanzengeografisch angelegten Bereiche, die naturnah angelegten Pflanzengesellschaften und über eine Reihe von Spezialsammlungen. Zu diesen zählen der 2007 eröffnete Neue Senckenbergische Arzneipflanzengarten, die Reihe der historischen Gärten, eine Rosen- und Brombeersammlung, die besonders gekennzeichneten bedrohten Arten der Roten Liste sowie Ruderal- und Steppenpflanzen. Zu einigen dieser Spezialsammlungen werden Führungen angeboten, die das entsprechende Thema vertiefen und für den Besucher intensiver erlebbar machen. Ein Schwerpunkt bei diesen Angeboten liegt auf der doppelten Begegnung mit bestimmten Pflanzen: Eine Heilpflanze z. B., die man im Arzneipflanzengarten auf dem Beet für einen bestimmten Indikationsbereich kennen lernt und die dort in Nachbarschaft mit weiteren für dieses Anwendungsgebiet geeigneten Pflanzen steht, findet man auch im naturnah angelegten Teil des Gartens wieder, dort vergesellschaftet mit ganz anderen Pflanzen als im Arzneipflanzengarten. Hier werden unterschiedliche Bedeutungen des Lebewesens Pflanze deutlich und Begriffe wie Ökologie, Artenvielfalt und Nachhaltigkeit mit Inhalt gefüllt.

Für die jüngeren Besucher eignen sich besonders die „Kräuterapotheke für Kinder" oder ein Angebot zum Thema Laubbäume, das gleichzeitig in die Technik und die Bedeutung des Herbarisierens einführt.

Eine weitere Möglichkeit, einen Zugang zu den unterschiedlichen Lebensräumen und Lebewesen des Botanischen Gartens zu finden, sind die Veranstaltungen des Freundeskreises Botanischer Garten: An den Wochenenden finden Führungen zu den unterschiedlichsten Themen statt, die u. a. auch die Tierwelt des Gartens berücksichtigen. Seit 2004 engagiert sich die Gruppe „NaturKinder" für besondere Angebote, die eine Kombination von Entdecken, spielerischem Lernen und kreativem Gestalten bieten. Dabei kommt jede Altersgruppe auf ihre Kosten, auch experimentierfreudige Erwachsene, seien sie in Begleitung von Kindern oder ohne diese dabei. Die „NaturKinder" sind regelmäßig am Tag der offenen Tür und meistens in der Woche der Botanischen Gärten unterwegs.

Der Tag der offenen Tür – er findet alljährlich am ersten Samstag im September statt – erlaubt, neben vielen anderen Angeboten, auch einen Blick hinter die Kulissen. Interessierte erhalten u. a. Einblick in wichtige Aufgaben des Naturschutzes, die vom Botanischen Garten übernommen werden. Dazu zählt z. B. die sog. ex-situ-Kultur von Pflanzen, die vom Aussterben bedroht sind. Eine Methode im Naturschutz wird hier für jedermann konkret und begreifbar.

Mit den oben beschriebenen Angeboten sind alle Altersgruppen eingeladen, den Garten nach ihren jeweiligen Interessen und Möglichkeiten zu nutzen. Unabhängig von diesen Führungen steht der Garten jedoch allen während der regulären Öffnungszeiten offen – ein kostenfreies Angebot mitten in der Stadt –, ein Angebot, an dem SENCKENBERG sicherlich auch heute noch Gefallen fände.

Als privilegierte Gruppe könnte man die Kindergartenkinder (und ihre begleitenden Erwachsenen) bezeichnen, die zusätzlich zu all diesen Möglichkeiten über das Projekt „Kinder im Garten" einen Zugang zum Botanischen Garten vermittelt bekommen. Das Projekt ist eine Kooperation zwischen dem Palmengarten und dem Eigenbetrieb Kita Frankfurt. Es gilt als innovative Bildungseinrichtung für den Elementarbereich, da Kinder und ihre begleitenden Erwachsenen gleichermaßen angesprochen werden und Nutznießer dieses Bildungsangebotes sind. Die thematischen Schwerpunkte liegen auf bestimmten Pflanzen und ihren vielfältigen Bedeutungen für den Menschen, besonders im Sinne der „Bildung für nachhaltige Entwicklung". Das Drei-Tages-Angebot im Palmengarten bietet die Möglichkeit, mit einem gewissen zeitlichen Abstand den Botanischen Garten zu besuchen, das Gelernte zu wiederholen und in neuen Zusammenhängen anzuwenden. Die Resonanz bei den Teilnehmenden und den immer kooperativen Mitarbeitern des Botanischen Gartens auf dieses im mehrfachen Sinne nachhaltige Projekt ist großartig. Eine detaillierte Beschreibung findet sich im Flyer „Kinder im Garten".

Als Lernort unter freiem Himmel ist der Botanische Garten in die Bildungsarbeit verschiedener Institutionen eingebunden und erweitert die Möglichkeiten, entdeckend zu lernen, kontinuierlich. Die Methoden des Lehrens und Lernens mögen sich in den vergangenen 250 Jahren gewandelt haben, die Bedeutung eines Ortes mitten in der Stadt, der in konzentrierter Form die Natur der gemäßigten Breiten darstellt und erlebbar macht, ist unverändert groß geblieben. Insofern fällt es schwer, von Bildungs-Arbeit zu sprechen; sie liegt vielleicht auf Seiten der Mitarbeiter, die Besucher und Besucherinnen durch den Garten führen. Der Garten selbst lädt zu einem Bildungs-Urlaub und vor allem zu der einen oder anderen Mußestunde ein.

„*Das Staunen ist der Anfang der Erkenntnis.*" PLATON

DIE AUTOREN

Beate Alberternst, Dr., bis Ende 2005 wissenschaftliche Mitarbeiterin in der Abteilung Ökologie und Geobotanik am Botanischen Institut des Fachbereichs (FB) Biologie und Informatik, J. W. Goethe-Universität Frankfurt am Main; seit 2006 Inhaberin eines unabhängigen Forschungsbüros.

Christine Becela-Deller, Dr., Apothekerin und Naturpädagogin, Mitarbeit im Freundeskreis Botanischer Garten Frankfurt am Main seit 2001, vor allem im Arbeitskreis „NaturKinder"; freiberufliche Tätigkeit als Naturpädagogin im Elementar- und Primarbereich und in der Erwachsenenbildung.

Elke Brude, Dr., Biologin, Gründungsmitglied des Freundeskreises Botanischer Garten Frankfurt am Main, ehemals wissenschaftliche Mitarbeiterin im Institut für Humangenetik der Uniklinik Frankfurt.

Theodor Butterfaß, Prof. (i. R.) Dr., war bis 1991 Leiter des Arbeitskreises Pflanzliche Zelldifferenzierung am Botanischen Institut des FB Biologie, J. W. Goethe-Universität Frankfurt am Main.

Hans Grasmück war 44 Jahre Gärtner, Gärtnermeister und Stellvertretender Technischer Leiter (dies seit Ende 1962) im Botanischen Garten der J. W. Goethe-Universität Frankfurt am Main. Seit Ende 1999 im Ruhestand.

Matthias Jenny, Dr. phil. habil., war seit 1996 im Palmengarten der Stadt Frankfurt am Main als Stellvertretender Leiter tätig und ist seit 1998 Direktor der Einrichtung.

Andreas König, Dipl.-Biol., ist seit 2011 stellvertretender Technischer Leiter des Botanischen Gartens Frankfurt am Main.

Horst Lange-Bertalot, Prof. (i. R.) Dr., war bis 2001 Leiter des Arbeitskreises Spezielle Botanik Niederer Pflanzen am Botanischen Institut des FB Biologie und Informatik, J. W. Goethe-Universität Frankfurt am Main.

Hermine Lotz-Winter, Mag. Pharm., ist Pilzsachverständige der Deutschen Gesellschaft für Mykologie und seit 2013 Mitglied der Arbeitsgruppe Mykologie von Prof. Dr. Meike Piepenbring.

Meike Piepenbring, Prof. Dr., ist seit 2001 Leiterin der Abteilung Mykologie am Institut für Ökologie, Evolution und Diversität des FB Biowissenschaften der J. W. Goethe-Universität Frankfurt am Main.

Roland Prinzinger, Prof. (i. R.) Dr., war von 1984 bis 2012 Leiter der Abteilung Stoffwechsel-Physiologie am Institut für Ökologie, Evolution und Diversität des FB Biowissenschaften der J. W. Goethe-Universität Frankfurt am Main.

Peter Schönegge, Dr., Biologe, Gründungsmitglied des Freundeskreises Botanischer Garten Frankfurt am Main, bis 2012 zuständig für Umweltschutz in der Stadt Neu-Isenburg.

Andreas Stieglitz, Mitglied im Freundeskreis Botanischer Garten Frankfurt am Main, ist mit den Publikationen des Freundeskreises befasst und hat u.a. die historische Festschrift „250 Jahre Dr. Senckenbergische Stiftung" verfasst.

Manfred Wessel, Dipl.-Ing. Gartenbau, ist seit 1993 Technischer Leiter des Botanischen Gartens Frankfurt am Main.

Wolfgang Wiltschko, Prof. (i. R.) Dr., war bis 2003 Leiter der Abteilung Physiologie und Ökologie des Verhaltens am Zoologischen Institut des FB Biologie und Informatik, J. W. Goethe-Universität Frankfurt am Main.

Christian Winter, Prof. (i. R.) Dr. Dr. h.c. ist am Fachbereich Biowissenschaften der J. W. Goethe-Universität Frankfurt am Main tätig. Seit Gründung des Freundeskreises des Botanischen Gartens (21.9.2001) ist er dessen 1. Vorsitzender.

Rüdiger Wittig, Prof. (i. R.) Dr., war bis 2012 Leiter der Abteilung Ökologie und Geobotanik am Institut für Ökologie, Evolution und Diversität des FB Biowissenschaften der J. W. Goethe-Universität Frankfurt am Main.

Georg Zizka, Prof. Dr., ist Leiter der Abteilung Morphologie und Systematik Höherer Pflanzen am Institut für Ökologie, Evolution und Diversität des FB Biowissenschaften der J. W. Goethe-Universität Frankfurt am Main und in Personalunion Leiter der Abteilung Botanik und Molekulare Evolutionsforschung am Forschungsinstitut Senckenberg in Frankfurt.

ABBILDUNGS- UND URHEBERVERZEICHNIS

Die Fotos in diesem Führer stammen von B. Alberternst [AL], E. Brude [BR], R. Kirschner [KI], K. Lorbach [LB], H. Lotz-Winter [LW], Urs-Victor Peter [PE], M. Piepenbring [PI], H. Schulz-Isenbeck [SI], M. Strehl [STR], A. Stieglitz [STI] und M. Wessel [WE]. Der Abdruck erfolgt mit freundlicher Genehmigung; die jeweiligen Urheber bzw. Rechtsinhaber der Abbildungen sind nachfolgend in eckigen Klammern genannt.

Umschlagvorderseite: Buchenwald mit Busch-Windröschen (*Anemone nemorosa*) und Frühlings-Platterbse (*Lathyrus vernus*) [LB]; im Vordergrund J. Chr. Senckenberg [Ausschnitt aus dem Gemälde von A. W. Tischbein. Abdruck hier und vollständig auf S. 12 mit freundlicher Genehmigung der Dr. Senckenbergischen Stiftung, Frankfurt a. M.]

S. 3: Titelvignette: Das Wald-Geißblatt (*Lonicera periclymenum*) wurde dankenswerterweise von Roland Stein für das Vereinslogo des Freundeskreises Botanischer Garten gezeichnet.

S. 8: Kolorierter Kupferstich aus der Flora Danica, Teil 16, Tafel 908: Wald-Geißblatt (*Lonicera periclymenum*). Abdruck mit freundlicher Genehmigung der Naturwissenschaftlichen und Medizinischen Bibliothek Dänemarks, Kopenhagen.

S. 11: Infostand im Botanischen Garten [WE]

S. 12: Johann Christian Senckenberg, Gemälde von Anton Wilhelm Tischbein [im Besitz der Dr. Senckenbergischen Stiftung]

S. 19: Buchenwald mit Busch-Windröschen (*Anemone nemorosa*) und Frühlings-Platterbse (*Lathyrus vernus*) [LB]

S. 22: Sumpf-Dotterblume (*Caltha palustris*), Hirschzunge (*Asplenium scolopendrium*) und Ausdauerndes Silberblatt (*Lunaria rediviva*) am Bachlauf [LB]

S. 23: Eine zweistämmige Hänge-Birke (*Betula pendula*) im Randbereich der Atlantischen Zwergstrauchheide; im Vordergrund Salbei-Gamander (*Teucrium scorodonia*) [LB]

S. 26: „Atlantische Zwergstrauchheide" mit Heidekraut (*Calluna vulgaris*) und Gewöhnlichem Wacholder (*Juniperus communis*) [SI]

S. 27: Oben: Schwarzschopf-Segge (*Carex appropinquata*) [LB]; unten: Schachbrettblume (*Fritillaria meleagris*) [LB]

S. 29: Bereich „Sandsteppe (Düne)" mit blühender Sand-Grasnelke (*Armeria maritima* subsp. *elongata*) [LB]

S. 30: Links: Küchenschelle (*Pulsatilla vulgaris*) [LB]; rechts: Frühlings-

S. 31: Adonisröschen (*Adonis vernalis*) [SI]
S. 31: Wiesen-Pippau (*Crepis biennis*) [WE]
S. 33: Basaltbach nach der Erstbepflanzung [PE]
S. 36: Blutweiderich (*Lythrum salicaria*) [LB]
S. 38: Weiße Seerose (*Nymphaea alba*) [LB]
S. 40: Alpinum: Griechisches Blaukissen (*Aubrieta deltoidea*) [LB]
S. 42: Spinnweb-Hauswurz (*Sempervivum arachnoideum*) [LB]
S. 43: Alpinum: Zirbel-Kiefer oder Arve (*Pinus cembra*), Schwarzer Germer (*Veratrum nigrum*), Wald-Geißbart (*Aruncus dioicus*) [LB]
S. 44: Mediterrane Flora [LB]
S. 45: Links: Judasbaum (*Cercis siliquastrum*) [LB]; rechts: *Crocus imperati* [LB]
S. 46: Großblättrige Pfingstrose (*Paeonia mascula* subsp. *russii*) [LB]
S. 47: Pflanzenbeet der makaronesischen Flora, hier noch am alten Standort vor dem Haupteingang (bis 2013) [SI]
S. 49: Mammutbaum (*Sequoiadendron giganteum*) [SI]
S. 50: Silber-Büffelbeere (*Shepherdia argentea*) [SI]
S. 51: Oben: Gelbe Scheincalla (*Lysichiton americanus*) [LB]; unten: Labrador-Veilchen (*Viola labradorica*) [LB]
S. 52: Frühlingsblüte in der Abteilung „Ostasien" [SI]
S. 53: Dreiblättriger Zitronenbaum oder Bitterorange (*Citrus trifoliata*) [WE]
S. 54: Links: Scheinkamelie (*Stewartia serrata*) [WE]; rechts: Leycesterie (*Leycesteria formosa*) [WE]
S. 59: Kornrade (*Agrostemma githago*) [WE]
S. 61: Neuer Senckenbergischer Arzneipflanzengarten: Hochbeet „Blutkreislauf" [WE]
S. 65: Indisches Springkraut *(Impatiens glandulifera)* [AL]
S. 66: Bastard-Staudenknöterich *(Fallopia × bohemica)* [AL]
S. 68: Plan Rundgang: Nadelgehölze aus aller Welt
S. 69: Japanische Sicheltanne (*Cryptomeria japonica*) [STI]
S. 75: Die Ziegenlippe (*Xerocomus subtomentosus*), ein häufiger Filzröhrling bei Laub- und Nadelbäumen im Botanischen Garten [KI]
S. 76: Der Gitterling (*Clathrus ruber*), ein Verwandter der Stinkmorchel mit nach Exkrementen riechender, schleimiger Sporenmasse auf der Innenseite des Gitters. [PI]
S. 77: Links: Gewimperter Erdstern (*Geastrum fimbriatum*) im ehemaligen „System" [LW]; rechts: Riesenporling (*Meripilus giganteus*) im Waldgersten-Buchenwald [LW]

S. 78: Teleutosporenlager des Birnengitterrost (*Gymnosporangium sabinae*) auf Sadebaumzweigen (*Juniperus sabina*) [BR]
S. 80: *Melanohalea exasperata* (braun), dazwischen *Physcia tenella* [BR]
S. 81: Links: *Xanthoria parietina* (gelb) wird schwarz verfärbt durch *Xanthoriicola physciae*; oben: *Physcia tenella* mit roten Fruchtkörpern des parasitischen Pilzes *Illosporiopsis christiansenii* [BR]
S. 82: Graureiher (*Ardea cinerea*) [LB]
S. 87: Oben: Schwalbenschwanz (*Papilio machaon*) [STR]; unten: Feuerwanzen (*Pyrrhocoris*) [STR]
S. 91: Weinbergschnecke (*Helix pomatia*) [LB]
S. 95: Vignette (Kupferstich) aus dem Werk „Enumeratio stirpium horti botanici senkenbergiani" (1782) von Johann Jacob Reichard. Dieses 10 Jahre nach Senckenbergs Tod erschienene Pflanzenverzeichnis führt 1430 Arten des von ihm gestifteten Botanischen Gartens auf.
S. 106: Übersichtsplan des Botanischen Gartens [Zeichnung von Dirk Schmitz]
Umschlagrückseite: Blühende Blutpflaume (*Prunus cerasifera* 'Nigra`) [STI]

Weiterführende Literatur

Bauer, T.: Johann Christian Senckenberg. Eine Frankfurter Biografie 1707-1772. Societäts-Verlag, Frankfurt am Main 2007

Egle, K. und Rosenstock, G.: Die Geschichte der Botanik in Frankfurt am Main. Ein Vermächtnis von Dr. Johann Christian Senckenberg. Umschau Verlag, Frankfurt am Main 1966

Lotz-Winter, H., Hofmann, T., Kirschner, R., Kursawe, M., Trampe, T. und Piepenbring, M. (2011): Pilze im Botanischen Garten der Universität Frankfurt am Main. Z. Mykol. 77/1: 89-122

Stieglitz, A.: 250 Jahre Dr. Senckenbergische Stiftung. Vom Hortus medicus des Dr. Senckenberg zum Botanischen Garten der Stadt Frankfurt am Main. Selbstverlag, Frankfurt am Main 2013

Wessel, M.: Der Botanische Garten in Frankfurt am Main und seine Geschichte: Archiv für Frankfurts Geschichte und Kunst 74 (2014): 136-142

REGISTER DER WISSENSCHAFTLICHEN PFLANZEN-, PILZ- UND FLECHTENNAMEN

Nomenklatur nach ERHARDT, W., GÖTZ, E., BÖDEKER, N. et SEYBOLD, S. (2002): Zander. Handwörterbuch der Pflanzennamen, 17. Aufl., Stuttgart.

—A—
Abies concolor 50, 72
Abies grandis 50, 71
Abies homolepis 70
Abies koreana 70
Abies pinsapo 74
Acorus calamus 37
Adonis vernalis 30, 60
Agaricus xanthoderma 76
Agrostemma githago 59
Alisma plantago-aquatica 38
Alnus glutinosa 21
Alyssum montanum subsp.
  montanum 60
Amanita muscaria 75
Amanita strobiliformis 75
Anchusa officinalis 64
Anemone nemorosa 19
Angelica sylvestris 28
Anthericum ramosum 24
Apium nodiflorum 39
Apium repens 38, 58
Armeria maritima subsp.
  elongata 28
Arrhenatherum elatius 30
Arum italicum 46
Aruncus dioicus 43
Asarum europaeum 20
Asplenium scolopendrium 22
Aubrieta deltoidea 40
Avenella flexuosa 24

—B—
Betula pendula 22, 23
Boletus edulis 75
Boletus queletii 75, 78
Boletus radicans 75
Brunnera macrophylla 55
Butomus umbellatus 28, 38

—C—
Calluna vulgaris 24, 25, 26
Calocedrus decurrens 70
Caltha palustris 22, 28
Campanula barbata 42
Campanula baumgartenii 60
Campanula rotundifolia 31
Carex appropinquata 27
Carex elata 37
Carex humilis 24
Carex lasiocarpa 28
Carex montana 20
Carex remota 28
Carex riparia 37
Carex. digitata 20
Carpinus betulus 20
Caruleum heppii 81
Catharanthus roseus 63
Centaurea scabiosa 31
Centaurium erythraea 35
Cephalanthera damasonium 20
Cephalanthera rubra 20
Cercis siliquastrum 45, 46

Chamaecyparis sp. 50
Chimaphila umbellata 24
Circinaria contorta 81
Cistus laurifolius 46
Citrus trifoliata 53
Cladonia coniocraea 80
Clathrus ruber 76, 79
Comarum palustre 28
Conyza canadensis 65
Cornus sanguinea 24
Corydalis cava 19
Crataegus monogyna 24
Crepis biennis 31
Crocus imperati 45
Cryptomeria japonica 69
Cumminsiella mirabilissima 74

—D—

Dactylis glomerata 30
Danthonia decumbens 26
Daphne mezereum 62
Davidia involucrata 54
Dioscorea caucasica 55
Dryas octopetala 42
Drymocallis rupestris 35
Dryopteris cambrensis subsp. insubrica 35
Dryopteris filix-mas 63

—E—

Echium vulgare 64
Empetrum nigrum 26
Epilobium hirsutum 28
Equisetum arvense 32
Equisetum sylvaticum 28
Equisetum telmateia 28
Erica tetralix 28
Euphorbia canariensis 48
Euphorbia myrsinites 46
Evernia prunastri 80

Exobasidium japonicum 77

—F—

Fagus orientalis 55
Fagus sylvatica 18
Fallopia japonica 66
Fallopia sachalinensis 66
Fallopia x bohemica 66
Festuca guestfalica 35
Festuca ovina 24, 26
Festuca pratensis 30
Festuca rhenana 35
Filago pyramidata 35
Foeniculum vulgare 58
Fragaria vesca 24
Fraxinus excelsior 20
Fritillaria meleagris 27
Fusicladium phillyreae 79

—G—

Galium mollugo 31
Galium odoratum 19
Geastrum fimbriatum 77
Geastrum striatum 77
Genista anglica 26
Genista germanica 26
Genista pilosa 26
Gentiana pneumonanthe 58
Geoglossum umbratile 79
Geranium pratense 31
Geranium sanguineum 56
Ginkgo biloba 69
Glyceria maxima 28
Gymnosporangium sabinae 77, 78

—H—

Hedera helix 20
Helictotrichon pratense 35

Heracleum mantegazzianum 65, 66
Hieracium pilosella 24
Hordelymus europaeus 20
Hypericum perforatum 63
Hypoderma ilicinum 79
Hypoxylon spec. 77
Hyssopus officinalis 63

—I—
Illosporiopsis christiansenii 81
Impatiens glandulifera 65
Inocybe geophylla 75
Iris germanica 58
Iris pseudacorus 37

—J—
Juncus effusus 28
Juniperus communis 26, 71
Juniperus sabina 77, 78
Jurinea cyanoides 28

—K—
Koeleria glauca 28
Koeleria pyramidata 35

—L—
Lactarius volemus 79
Lamium galeobdolon 20
Larix decidua 42, 72
Larix kaempferi 69
Lathyrus vernus 19
Lecanora muralis 81
Leycesteria formosa 54
Linum flavum 46
Lonicera periclymenum 8
Lonicera xylosteum 24
Lunaria rediviva 22
Lycopus europaeus 37
Lysichiton americanus 50, 51

Lythrum salicaria 28, 36, 37

—M—
Magnolia acuminata 50
Magnolia grandiflora 50
Magnolia tripetala 50
Matricaria discoidea 65
Matteuccia struthiopteris 21
Melanohalea exasperata 80
Menyanthes trifoliata 28
Meripilus giganteus 76
Metasequoia glyptostroboides 67, 68
Moenchia erecta 35
Molinia caerulea 26
Muscari neglectum 30
Muscari racemosum 30
Myosotis rehsteineri 60
Myosurus minimus 35

—N—
Nardus stricta 26
Nuphar lutea 38
Nymphaea alba 38
Nymphoides peltata 39

—O—
Onosma arenaria 28
Osmunda regalis 28

—P—
Paeonia mascula subsp. *russii* 46
Paeonia mlokosewitschii 55
Paeonia x suffruticosa 56
Peltigera didactyla 81
Peltigera polydactylon 81
Peltigera rufescens 81
Peucedanum oreoselinum 24
Phillyrea angustifolia 46

Phillyrea latifolia 46
Phillyrea spec. 79
*Phragmidium rosae-
pimpinellifoliae* 78
Phragmites australis 36
Physcia adscendens 80
Physcia tenella 80, 81
Picea breweriana 71
Picea glauca 74
Pimpinella saxifraga 24
Pinus aristata 70
Pinus cembra 42, 43, 73
Pinus mugo 42, 73
Pinus nigra 73
Pinus nigra subsp. *salzmannii* 74
Pinus sylvestris 24, 73
Pinus uncinata 73
Planistromella acervata 79
Poa pratensis 30
Polycnemum majus 35
Polygonatum multiflorum 20
Polygonatum odoratum 24
Poncirus trifoliata 53
Populus nigra 60
Primula bulleyana 53
Primula denticulata 53
Primula hirsuta 42
Primula japonica 53
Primula polyneura 53
Primula sieboldii 53
Prunus avium 20
Prunus lusitanica 46
Pseudevernia furfuracea 80
Pseudotsuga menziesii 72
Pterocarya stenoptera 54
Pulsatilla vulgaris 30
Punctelia borreri 80
Pyrola chlorantha 24
Pyrola rotundifolia 24

—Q—
Quercus alba 50
Quercus frainetto 55
Quercus ilex 46
Quercus imbricaria 50
Quercus marilandica 50
Quercus petraea 20
Quercus robur 20, 22, 24
Quercus rubra 50

—R—
Ranunculus auricomus 21
Ranunculus platanifolius 42
Rhinanthus minor 31
Rhododendron × *praecox* 53
Rhododendron calophytum 53
Rhododendron ciliatum 53
Rhododendron dauricum 53
Rhododendron mucronulatum 53
Rhododendron sutchuenense 53
Ribes nigrum 64
Ribes rubrum 64
Rosa canina 57
Rosa foetida 57
Rosa gallica 57
Rosa moschata 57
Rosa multiflora 57
Rosa wichuraiana 57
Rosa × *centifolia* 57
Rosa × *damascena* 57
Rosmarinus officinalis 46
Rubia tinctorum 63
Rubus fruticosus 64
Ruscus aculeatus 46
Ruscus hypoglossum 46

—S—
Sagittaria sagittifolia 39
Salvia nemorosa 56

Salvia pratensis 31
Salvia sclarea 46
Saxifraga rosacea subsp.
  sponhemica 35
Schoenoplectus lacustris 37
Scleroderma verrucosum 75
Scolymus hispanicus 56
Scorzonera humilis 24
Sedum forsterianum 35
Sedum villosum 60
Sempervivum arachnoideum 42
Sequoia sempervirens 71, 74
Sequoiadendron giganteum 49,
  50, 72
Shepherdia argentea 50
Silene nutans 24
Sisymbrium austriacum 65
Sisymbrium orientale 65
Solidago canadensis 65
Sonchus palustris 38
Spartium junceum 46
Stellaria holostea 21
Sternbergia lutea 46
Stewartia serrata 54
Stratiotes aloides 39, 58
Suillus grevillei 75
Symphytum officinale 63

—T—
Taxodium distichum 50, 71
Taxus baccata 63, 73
Teucrium scorodonia 23
Tilia cordata 20
Trichoglossum hirsutum 79

Tricholoma aurantium 79
Trillium subsp. 50
Trisetum flavescens 30
Tsuga canadensis 72
Tulostoma fimbriatum 77, 79

—U—
Urocystis colchici 78
Ustilago maydis 78

—V—
Vaccinium myrtillus 26
Vaccinium vitis-idaea 26
Veratrum nigrum 43
Verbascum phoeniceum 56
Veronica longifolia 37
Veronica persica 65
Viola labradorica 51
Viola palustris 28
Virburnum lantana 24
Vitis vinifera subsp. sylvestris
  60

—X—
Xanthocarpia crenulatella 81
Xanthoria parietina 80, 81
Xanthoriicola physciae 81
Xerocomus subtomentosus 75
Xerula radicata 76
Xylaria spec. 77

—Y—
Yucca gloriosa 79

Öffnungszeiten des Botanischen Gartens

1. März – 31. Oktober
Mo-Sa 9-18 Uhr
sonn- und feiertags 9-13 Uhr
Abweichende Öffnungszeiten sind möglich.
Die Gärtnerei und der Betriebshof sind nicht öffentlich zugänglich.

Der Freundeskreis bietet ganzjährig ein kostenfreies vielfältiges Veranstaltungsprogramm an. Kostenpflichtige Führungen können über die Grüne Schule des Palmengartens gebucht werden: www.palmengarten.de

Anfahrt

mit öffentlichen Verkehrsmitteln
Buslinie 36, Grüneburgweg
Buslinie 32, Ditmarstraße
U-Bahnlinie 6/7, Westend
U-Bahnlinie 4, Bockenheimer Warte

mit dem Auto
Tiefgarage Palmengarten
Parkplatz am Ende der Siesmayerstraße

Kontakt

Freundeskreis Botanischer Garten
Frankfurt am Main e.V.
Siesmayerstraße 72
60323 Frankfurt am Main
Tel. 069 212 39058
Fax 069 212 77968

www.botanischergarten-frankfurt.de
info@botanischergarten-frankfurt.de

Übersichtsplan des Botanischen Gartens

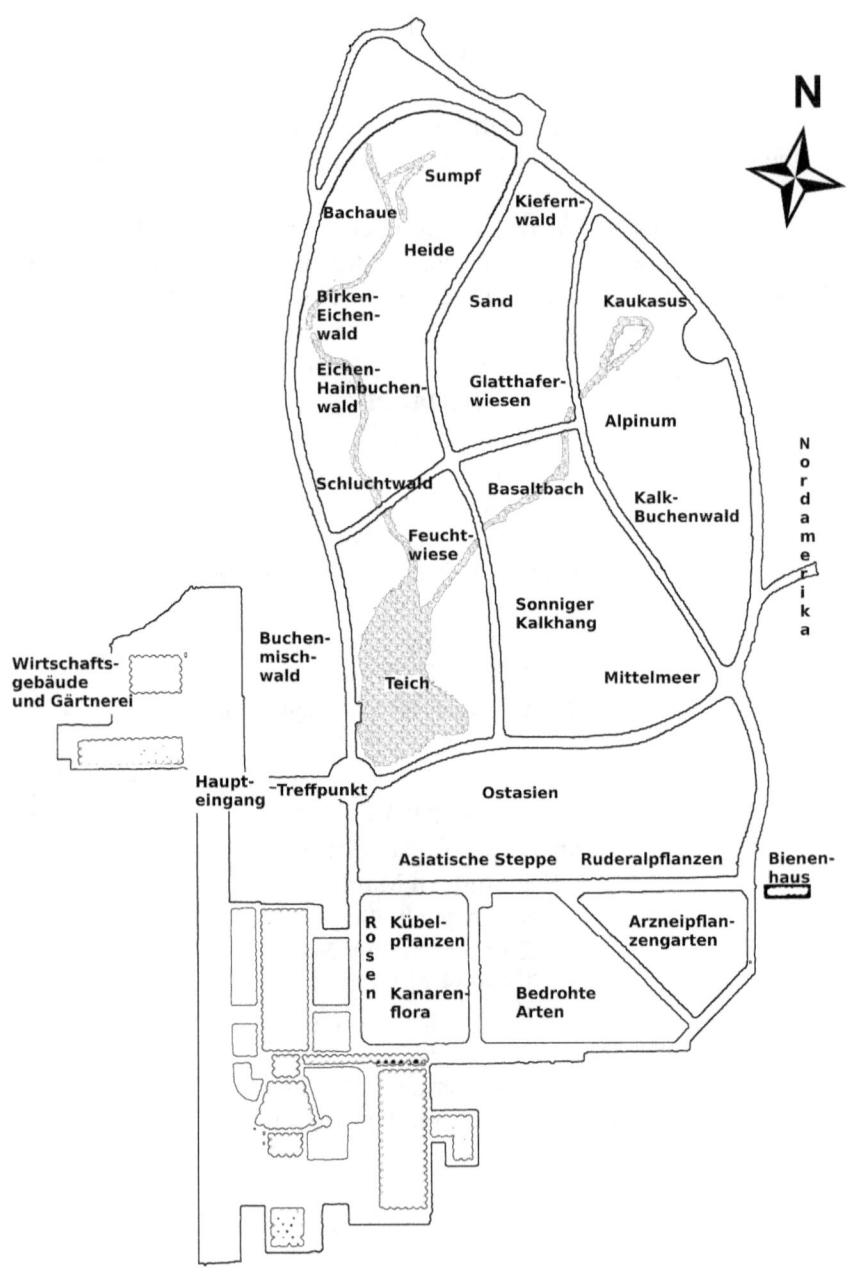

www.ingramcontent.com/pod-product-compliance
Lightning Source LLC
Chambersburg PA
CBHW070304230526
45470CB00002B/714